21世纪计算机辅助设计规划教材

土木工程 CAD

主　编　左咏梅　王立群

副主编　房荣敏　耿孟琴　王宏业

参　编　焦利军　王丽辉　李娜娜

机械工业出版社

AutoCAD 软件在建筑工程领域中应用广泛，应用 CAD 绘图是建筑工程领域设计、施工、管理等各方人员必备的职业技能。本书紧密结合土木工程及相关专业学生就业岗位需求，精心选择内容、教学实例及课后练习，内容丰富、实用性强。本书将典型工程实例贯穿始终，理论知识与实际应用紧密结合，满足讲练结合、学做一体的教学模式，并方便学生自主学习和训练，同时引入最新建筑制图标准，强调绘图、出图的规范化。本书在编写中突出专业性、可操作性，结构清晰，循序渐进，教学范例典型、全面。全书共 10 章，主要包括：AutoCAD 的基本操作、AutoCAD 绘图辅助命令及精确绘图、AutoCAD 常用绘图命令、修改命令、图形管理工具、尺寸标注及文字标注的设置与应用、建筑施工图绘制、结构施工图绘制、高级技术、建筑施工图打印输出。

本书可作为本科及高职高专院校土建类专业教材，也可作为相关从业人员的自学用书与参考资料。

图书在版编目（CIP）数据

土木工程 CAD/左咏梅，王立群主编. —北京：机械工业出版社，2013.8（2023.1 重印）

21 世纪计算机辅助设计规划教材

ISBN 978-7-111-43078-0

Ⅰ. ①土… Ⅱ. ①左… ②王… Ⅲ. ①土木工程—建筑制图—计算机制图—AutoCAD 软件—高等学校—教材 Ⅳ. ①TU204-39

中国版本图书馆 CIP 数据核字（2013）第 175416 号

机械工业出版社（北京市百万庄大街 22 号　邮政编码 100037）
策划编辑：李俊玲　周晓伟　责任编辑：李俊玲　周晓伟
版式设计：霍永明　　　　责任校对：肖　琳
封面设计：鞠　杨　　　　责任印制：单爱军
北京虎彩文化传播有限公司印刷
2023 年 1 月第 1 版第 5 次印刷
184mm×260mm · 13.25 印张 · 323 千字
标准书号：ISBN 978-7-111-43078-0
定价：39.80 元

电话服务　　　　　　　　网络服务
客服电话：010-88361066　机 工 官 网：www.cmpbook.com
　　　　　010-88379833　机 工 官 博：weibo.com/cmp1952
　　　　　010-68326294　金 书 网：www.golden-book.com
封底无防伪标均为盗版　机工教育服务网：www.cmpedu.com

前　言

目前计算机辅助绘图技术已被广泛应用于建筑、机械、电子、航天等众多领域，并发挥着越来越重要的作用。由 Autodesk 公司开发的 AutoCAD 是当前最为流行的计算机辅助绘图软件之一，其不仅能带给用户专业设计所需要的全部功能，还可以通过一些编程接口来扩展软件的功能。由于 AutoCAD 具有使用方便、体系结构合理等特点，深受广大工程技术人员的喜爱。AutoCAD 不但成为设计师不可缺少的得力助手，更成为相关从业人员表达思想、交流技术的重要工具。AutoCAD 技术是土木工程等土建类相关专业学生的必修课程，学生的 AutoCAD 应用水平，成为衡量其个人能力的重要指标，也是参与就业竞争的重要支撑点。

本书由浅入深，详细介绍了 AutoCAD 2008 的使用方法和功能。内容上以工程图绘制能力培养为核心，通过对 AutoCAD 基本功能的介绍及典型建筑图样的绘制练习，详细介绍了 AutoCAD 在建筑工程中的应用。本书在编写上着重介绍工程图绘制的使用方法和技巧，做到理论知识浅显易懂、实际训练内容丰富、工程实例贯穿始终。本书编写者长期从事 AutoCAD 的专业设计与教学，书中软件命令与实际应用、基础知识与工程实例有机结合，所取范例都具有很强的代表性和针对性。

本书编写过程中力求突出以下几个方面的特点：

（1）培养学生能力为主、掌握知识够用为度，构建了以完成工作任务为目标、突出技能训练、能力培养为主线的知识体系结构。

（2）融"教、学、做"为一体，满足行动导向与任务驱动教学法的要求。本书力求让学生在完成任务过程中学习软件知识，实现"做中学"，获得学习的乐趣，激发学习的源动力。

（3）由易到难、先简后繁。遵照技能训练与对事物掌握的认知规律，选择适宜的工作任务作载体进行教学，并对使用中可能遇到的技术疑点进行了疑难解答，以帮助学生尽快掌握 AutoCAD 技能。

（4）贴近工程实际，选材适当、工程实例贯穿始终。编写过程中，做到工作任务来源于工程实践，为生产实践服务。

（5）对于建筑施工图绘制、结构施工图绘制的工作任务分析透彻，工作过程详尽、易操作，最后有总结提高，结合适量的习题进一步强化所学技能，进行知识和技能的拓展。

（6）引入最新建筑制图标准，强调绘图、出图的规范化。

本书由河北工程大学左咏梅、石家庄职业技术学院王立群任主编，石家庄职业技术学院房荣敏、石家庄卓达集团耿孟琴工程师、山西八建集团有限公司王宏业高级工程师任副主编，石家庄职业技术学院李娜娜、王丽辉，河北工程大学焦利军参加编写，具体编写任务如下：左咏梅编写第 3、4 章；焦利军编写第 8 章；王立群编写第 1、2、7 章；房荣敏编写第 5、10 章；王丽辉编写第 6 章；李娜娜编写第 9 章；耿孟琴、王宏业提供相关实例材料并绘制部分附图。

本书附录中的 CAD 图可登录机械工业出版社教材服务网（http: www.cmpedu.com）下载。由于编者水平所限，书中难免会有不足之处，请读者批评指正，以便及时修正。

编　者

目　　录

土木工程CAD

第 **1** 章 AutoCAD 基本知识

 学习要点 ••

- ✦ AutoCAD 的学习方法
- ✦ AutoCAD 用户界面组成
- ✦ AutoCAD 用户界面设置
- ✦ AutoCAD 命令的调用与结束
- ✦ AutoCAD 文件管理命令

••

1.1 AutoCAD 简介

AutoCAD 是美国 Autodesk 公司开发的计算机辅助绘图和设计软件，CAD 是 Computer Aided Design 的缩写，即计算机辅助设计的意思，该软件具有便捷的绘图功能、友好的人机界面、强大的二次开发能力以及方便可靠的硬件接口，是使用方便、用途广泛的绘图工具。CAD 技术经过 20 多年的发展，功能不断增强与完善，已经成为现代化工业设计中非常重要的技术，拥有众多用户群体，在机械、建筑、电子、航天、造船、石油化工、纺织、轻工、园林、服装等领域，已成为各国工程设计人员的得力助手。

1.1.1 AutoCAD 的主要功能

AutoCAD 是美国 Autodesk 公司开发的一个交互式绘图软件，是用于二维及三维设计、绘图的系统工具，它广泛应用于建筑、机械、水利、电子和航天等工程领域。用户可以使用它来创建、浏览、管理、打印、输出、共享设计图形。

AutoCAD 软件具有以下主要功能：

（1）完善的图形绘制功能。

（2）强大的图形编辑功能。

（3）可以采用多种方式进行二次开发和用户定制。

（4）可以进行多种图形格式的转换，具有较强的数据交换能力。

（5）强大的三维造型功能。

（6）图形渲染功能。

（7）提供数据和信息查询功能。

（8）尺寸标注和文字输入功能。

（9）图形输出功能。

1.1.2　使用 AutoCAD 软件绘制建筑图的优势

1．制图的规范性　工程图样是工程界的一门技术语言，为了使图样具有通用性，国家制定了建筑制图的相关标准，对图样中的图幅、图框、标题栏、字体、尺寸标注、符号等都做了详细明确的规定，在"格式"下拉菜单中专门提供了设置绘图环境的命令，为图样的规范绘制提供了有力工具。

2．图形的精确性　与传统手工绘图相比，AutoCAD 的一大优势就是在绘图过程中大大消除了仪器测量和目测的误差，软件中提供的"坐标输入""对象捕捉""极轴追踪"等精确制图方式极大提高了绘图的精度。

3．易用、简单的绘图命令与强大的编辑修改功能　绝大多数的建筑形体都是具有一定规律的复杂形体，如窗户、楼梯等，如果手工绘图，工作量可想而知，而利用 AutoCAD 提供的绘图与编辑命令，可以先绘制形体中的基本对象，再用镜像、复制等编辑命令得到各种复杂形状，从而可以省去大量的重复工作。

在设计中，无论是建筑施工图还是结构施工图，都需要经过反复推敲、不断修改才能完成。试想在手工绘图时，如果图样绘制基本完成，突然要修改设计方案，那将是一件非常烦琐的事情。在计算机中就容易多了，在原来的图形基础上修改即可。

4．适合创建标准的图形库　建筑制图相关标准中规定构配件的图例和标注符号都是相似的或相同的形状，为了使之重复利用和快速编辑，可以将它们创建为图块（如对于块中形式类似的文本部分可以将其创建为带属性的图块；对于尺寸不同的图形可以将其创建为动态块），通过"设计中心"将图块复制到工具选项板上，以后可随时通过单击图标完成图块的调用。另外，图块的编辑也很方便，只需修改其中一个图块的效果，然后重新定义图块，就可以达到所有同名图块外观的整体改变，使图中的相同元素保持一致。

1.1.3　AutoCAD 的学习指南

虽然计算机软件所设计的操作方法都非常简单，但是要想学好计算机辅助绘图的课程，也必须掌握正确的方法并进行反复练习，可从以下几方面着手：

（1）对 AutoCAD 绘图应从基本界面认识开始，如菜单栏、工具栏、状态栏、绘图窗口、命令行等；对键盘的特殊控制键操作（【F6】、【F7】、【F8】等）应熟悉并且应用自如。

（2）学习 AutoCAD 绘图，应从最容易、最基本的绘图命令开始学起，如画直线、圆弧、圆及多边形等。

（3）使用 AutoCAD 绘图，必须注意精确绘图。AutoCAD 提供了许多辅助工具，如多种捕捉模式，掌握好这些工具不仅能够精确绘图而且还会大大提高绘图效率。

（4）传统绘图是将一张图纸放在绘图板上，图上所有具体内容都能看清，而 AutoCAD 绘图受显示器屏幕的限制，图上内容不能都看清楚。在使用计算机绘图时，一定要善用 AutoCAD 所提供的显示、缩放命令，查看屏幕上的图形，才能增加绘图的方便性。

（5）AutoCAD 强大的绘图功能，基于它强大的编辑功能。很多图形不是简单用绘图命令绘制出来的，而是用编辑命令修改得到的，同一幅图用不同的命令和方法绘制，绘图效率也不一样，编辑命令掌握的熟练程度直接影响绘图的速度。

（6）在 AutoCAD 中常通过下拉菜单、工具栏图标按钮、键盘输入命令、功能键和组合键调用命令，初学者可使用下拉菜单、工具栏图标按钮调用命令，快速掌握调用方法；为提高绘图速度，必须尽快掌握键盘输入命令、功能键和组合键调用命令的方法，并尽量掌握每个命令的快捷命令，如直线（LINE）命令的快捷命令为 L，表示在命令行直接输入 L，即可执行 LINE 命令。

（7）使用 AutoCAD 绘图，必须注意根据提示进行操作。调用命令后，命令行中都会出现操作提示，用户一定要根据命令行提示的操作方法进行操作；启用动态输入后，在光标附近显示操作提示，用户可在提示中输入响应，按提示进行操作亦可提高绘图速度。

（8）AutoCAD 是智能的图板、尺子与绘图笔，但只有胸中有图，胸中有规范，才能真正画出精确完美的施工图。

（9）任何一本教材都不能穷尽软件所有的功能和命令，所以读者应学会借助软件的"帮助"功能，进行自主学习。

1.2 AutoCAD 2008 的启动和退出

1.2.1 AutoCAD 2008 的启动

AutoCAD 2008 安装完毕后，启动 AutoCAD 主要有三种方式：桌面快捷方式、开始菜单方式、打开 DWG 类型文件。

1. **桌面快捷方式** AutoCAD 2008 安装完毕后，Windows 桌面上将添加一个快捷方式（图 1-1）。双击快捷方式图标即可启动 AutoCAD 2008。

图 1-1 AutoCAD 2008 快捷方式图标

2. **开始菜单方式** AutoCAD 2008 安装完毕后，Windows 系统的"开始/程序"里将创建一个名为"AutoCAD 2008"的程序组，单击"AutoCAD 2008"即可启动 AutoCAD 2008。

3. **打开 DWG 类型文件** 在已安装 AutoCAD 2008 软件的情况下，通过双击已建立的 AutoCAD 图形文件（*.dwg），即可启动 AutoCAD 2008 并打开该文件。

1.2.2 AutoCAD 2008 的退出

AutoCAD 2008 程序常用的退出方式有以下几种。

1. **程序按钮方式** 单击 AutoCAD 界面右上角的"关闭"按钮，退出 AutoCAD 程序。

2. **下拉菜单方式** 通过单击"菜单浏览器"→"退出 AutoCAD"，或单击下拉菜单栏上的"文件"→"退出"，退出 AutoCAD 程序。

3. **命令输入方式** 在命令行输入 QUIT，退出 AutoCAD 程序。

1.3 AutoCAD 2008 的用户界面

AutoCAD 2008 默认为"二维草图与注释"工作空间，如图 1-2 所示，其工作界面主要由标题栏、下拉菜单栏、工具栏、面板、绘图窗口、命令行与文本窗口、状态栏等元素组成。

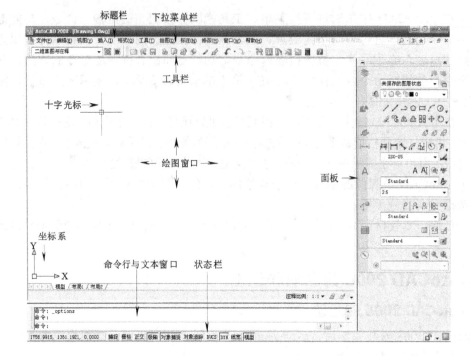

图 1-2 "二维草图与注释"工作界面

1. **标题栏** 同其他标准的 Windows 应用程序界面一样，标题栏包括控制图标以及窗口的最大化、最小化和关闭按钮，并显示 AutoCAD 软件图标、版本名称、当前状态下图形文件名称。

2. **下拉菜单栏** 由"文件""编辑""视图""插入""格式""工具""绘图""标注""修改"等 11 个下拉菜单组成，以级联的层次结构来组织各个菜单项，并以下拉的形式逐级显示，几乎包含了所有的核心命令和功能。

（1）在菜单项中，用灰色字符标明的项表示该菜单暂时不可用，需要选定。

（2）某些菜单命令的后面有（…）标志，表明选择该命令会打开一个对话框。

（3）在某些菜单命令的右侧有带下划线的字母，说明在该菜单打开的状态下，按下此字母，即可执行该菜单的命令。在某些菜单命令的右侧有（Ctrl+…+字母），说明在不打开该菜单的状态下，按下此组合键即可执行该菜单命令。

3. **工具栏** 是执行操作命令的集合，包含多个由图标表示的命令按钮，每个按钮代表一个命令，通过工具栏可以直观、快捷地访问一些常用的命令，如图 1-3 所示。AutoCAD 2008 提供了 37 个已命名的工具栏，图 1-4 列出了部分工具栏。

图 1-3 工具栏

AutoCAD 2008 的初始屏幕主要显示"标准"工具栏、"对象特性"工具栏等，其他工具栏可以根据需要调出。在任意工具按钮上单击鼠标右键，将会弹出如图 1-4 所示的工具栏快捷菜单，选择某工具栏名称，可控制工具栏的打开与关闭，带有"√"的工具栏已显示在工作界面。

4．**绘图窗口**　为绘图工作区域，是一个没有边界的无限大区域，用户可设置图形界限。十字光标的中心点代表当前点的位置，中心点的正方形称为拾取框，十字光标和拾取框的大小均可调节。十字光标用于进行拾取点、选择对象等操作，在不同的操作状态下，十字光标的显示状态也不相同。十字光标可根据绘图需要或读者喜好来设定其大小，可通过"工具"→"选项"，单击"显示"选项卡来实现。

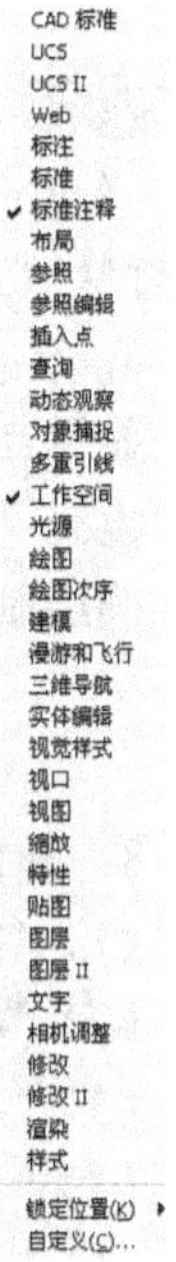

绘图窗口是 AutoCAD 中显示、绘制图形的主要场所，在 AutoCAD 中创建新图形文件或打开已有的图形文件时，都会产生相应的绘图窗口来显示和编辑其内容。在 AutoCAD 2008 中可以显示多个绘图窗口。由于在绘图窗口中往往只能看到图形的局部内容，因此绘图窗口中都包括有垂直和水平滚动条，用来改变观察位置，参见图 1-2。

5．**命令行与文本窗口**　位于绘图窗口的底部，用于接收输入的命令与参数，是用户与 AutoCAD 对话的区域，命令行与文本窗口的行数至少保留 3 行，以便观察命令内容。按【F2】功能键可查看命令行的历史记录，如图 1-5 所示，命令行与文本窗口可以拖放为浮动窗口。

図 1-4　工具栏快捷菜单

提示
调用命令后，命令行中都会出现操作提示，用户一定要根据命令行提示的操作方法进行操作，才可顺利完成全部绘图过程。

6．**面板**　用于显示与基于任务的工作空间关联的按钮和控件，包含了图层、二维绘图、注释缩放、标注、文字、多重引线、表格、二维导航等多种控制台，如图 1-6 所示。面板使 AutoCAD 窗口更加整洁，用户无需显示多个工具栏。

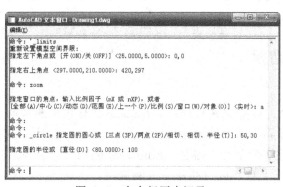

图 1-5　命令行历史记录

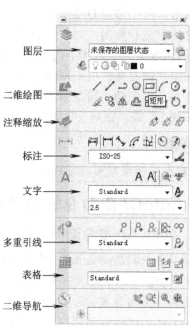

图 1-6　面板

提示

AutoCAD 2008 默认为“二维草图与注释”工作空间，用户可通过工作空间工具栏进行修改，如可以改为“AutoCAD 经典”，以便更适于绘图。

7. 状态栏 用于显示当前的操作状态或提示，如图 1-7 所示。状态栏左边是坐标显示器，显示当前十字光标所处的三维坐标值，移动光标即可改变 X、Y 和 Z 轴的坐标值。状态栏设有“捕捉”“栅格”“极轴”“对象捕捉”等 10 个辅助绘图的工具按钮，可以快速并准确绘制图形，单击这些按钮，可切换开关状态，下陷为启用状态。

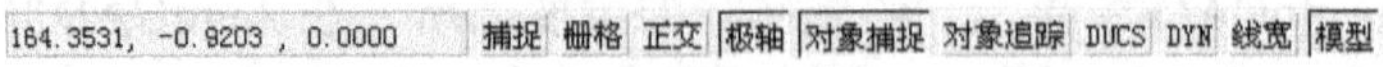
164.3531, -0.9203 , 0.0000
捕捉
栅格
正交
极轴
对象捕捉
对象追踪
DUCS
DYN
线宽
模型

图 1-7　状态栏

8．辅助绘图功能按钮

（1）“捕捉”：按照设置的间距进行移动和精确定位，可提高绘图精度。

（2）“栅格”：按照设置的间距以网格点显示设置的绘图区域，可提供距离和位置参照。

（3）“正交”：将十字光标强行控制在水平或垂直方向上，用于绘制水平和垂直线段。

（4）“极轴”：按设置的增量角度及其倍数引出相应的极轴追踪虚线，进行精确定位。

（5）“对象捕捉”：捕捉图形对象的圆心、端点、中点、垂足、切点等 13 个特征点。

（6）“对象追踪”：以图形对象上的某些特征点作为参照点来追踪其他位置的点。

（7）“DUCS”：允许/禁止动态 UCS，UCS 为用户坐标。

（8）“DYN”：动态输入，在光标指针位置处显示坐标、标注输入和命令提示等。

（9）“线宽”：在绘图区域显示线型的宽度，以识别不同的对象。

（10）“模型/图纸”：模型空间与图纸空间的切换，模型空间主要用于绘制与编辑图形，图纸空间主要用于打印输出图形。通常图形绘制与编辑工作都是在模型空间下进行的，它为用户提供了一个广阔的绘图区域，用户在模型空间中需考虑的只是单个图形是否输出或正确与否，而不必担心绘图空间是否能容纳下图形。一般来说，用户可以在模型空间按实际尺寸 1:1 进行绘图，如正常的建筑绘图都是把建筑物体依照实际尺寸在模型空间进行绘制。图纸空间是一种工具，用于在绘图输出之前设置模型空间中的图形在图纸空间的布局，确定模型视图在图纸上出现的位置。模型空间和图纸空间可以相互切换，其操作是通过鼠标单击状态栏中的“模型”、“布局”按钮来实现。单击“模型”按钮，进入模型空间；单击“布局 1”或“布局 2”按钮，则进入图纸空间。

提示

应先在模型空间内完成图形的绘制与编辑，再进入图纸空间进行布局。

1.4 AutoCAD 命令的调用与结束

1.4.1 AutoCAD 命令调用

调用命令就是向 AutoCAD 发出指令，以完成某种操作。AutoCAD 有几百条命令，种类繁多，功能复杂，输入方式各异，参数和子命令各不相同。因此，选择合理的调用方法，可以提高绘图的效率。常用的命令输入设备有鼠标、键盘。AutoCAD 的同一个命令具有多种启动方式，可以灵活运用，一般有以下 4 种，以直线命令为例说明。

1. 下拉菜单栏命令方式 用鼠标从下拉菜单中单击要输入的命令项。

单击下拉菜单"绘图"→"直线"，如图 1-8 所示。

图 1-8 "绘图"下拉菜单

2. 工具栏按钮方式 用鼠标在工具栏上单击代表相应命令的图标按钮，并根据显示在命令对话区的提示输入所需绘图参数。

单击"绘图"工具栏中的 按钮。

3. 右键快捷菜单 在命令行或图形窗口单击鼠标右键选择"近期使用的命令"或"最近的输入命令"。

4. 通过键盘在命令行输入命令 使用键盘输入来调用命令进行绘图是最常用的一种绘图方法。在命令行中输入所需要的命令名（字母大小写均可），然后根据提示作出相应回答即可完成绘图。例如，绘制图形直线时，可以输入 LINE 或 L，LINE 是调用直线命令的完整命令名，L 为快捷命令，可以输入任意一种形式来调用直线命令，按回车键确认，然后根据提示进行绘图即可。

1.4.2 退出正在执行的命令

在使用 AutoCAD 2008 进行绘图的过程中，可以随时退出正在执行的命令。退出正在执行的命令有以下几种方法：

1. 按【Esc】键退出 在执行某个命令后，可以随时按键盘上的【Esc】键退出该命令。

2. 按回车键退出 可以按键盘上的回车键来结束某些命令，有时可能需要按两次或者多次回车键才能结束。

3. 使用鼠标右键 在执行命令时，单击鼠标右键，在弹出的快捷菜单中选择"取消"，即可结束正在执行的命令。

1.4.3 取消已经执行完的命令

在使用 AutoCAD 2008 进行绘图的过程中，如果出现错误需要修正时，有多种方法可以取消上一步的操作。取消已经执行的命令有以下几种方法：

1. 使用下拉菜单栏命令 单击下拉菜单"编辑"→"放弃"，可以取消上一步操作。反复选择此命令，可以取消前面多步操作。

2. 单击鼠标右键 在弹出的快捷菜单中选择"放弃"，也可以取消上一步操作。反复选择此命令可以取消前面多步操作。

3. **按【Ctrl+Z】组合键**　按键盘上的【Ctrl+Z】组合键，取消上一步操作。如果需要取消前面已经执行的多步操作，可以反复按键盘上的【Ctrl+Z】组合键，进行取消操作。

4. **用"标准"工具栏中的"放弃"按钮**　单击"标准"工具栏中的"放弃"按钮，取消上一步的操作。如果需要取消前面已经执行的多步操作，可以反复单击"放弃"按钮，或者单击按钮旁边的▼按钮，弹出下拉菜单，选择所要取消的操作。

5. **使用命令行输入命令**　在命令行中输入命令 UNDO 可以取消上一步操作。如果需要取消前面多步操作，可以反复输入命令 UNDO 或 U，进行取消操作。

1.4.4　恢复已取消的命令

在取消了前面几步操作之后，想要恢复已经取消的命令有以下几种方法：

1. **使用下拉菜单栏命令**　单击下拉菜单"编辑"→"重做"，可恢复一步已取消的操作。反复执行此命令，可恢复多步已取消的操作。

2. **单击鼠标右键**　在弹出的快捷菜单中选择"重做"，也可以恢复操作。

3. **按【Ctrl+Y】组合键**　按键盘上的【Ctrl+Y】组合键，可以恢复一步已取消的操作。反复按键盘上的【Ctrl+Y】组合键，可恢复多步已取消的操作。

4. **使用"标准"工具栏中的"重做"按钮**　单击"标准"工具栏中的"重做"按钮，可恢复一步已取消的操作。如果需要恢复前面已经取消的多步操作，可以反复单击"重做"按钮或者单击按钮旁边的▼按钮，弹出"重做"的下拉菜单，选择所要恢复的已取消操作。

5. **使用命令行输入命令**　输入命令 OOPS 进行重做，但只能重做上一步取消的内容。也可以输入命令 REDO 恢复已经取消的上一步操作，但必须在命令 UNDO 后立即执行。

1.5　AutoCAD 文件管理操作

1.5.1　建立新图形文件

应用 AutoCAD 2008 绘图时，首先要创建一个新图形文件，调用命令方法如下：

（1）工具栏：单击"标准"工具栏中的▭按钮。

（2）下拉菜单："文件"→"新建"。

（3）命令行：NEW✓。

调用命令后，系统将弹出"选择样板"对话框（图 1-9）；用户可从列表框中选取合适的一种样板文件，然后单击"打开"按钮，即可在该样板文件上创建新图形。

图 1-9　"选择样板"对话框

1.5.2　打开已有图形文件

当用户要对原有文件进行修改时，需要打开已有图形。调用命令方法如下：

（1）工具栏：单击"标准"工具栏中的 按钮。

（2）下拉菜单："文件"→"打开"。

（3）命令行：OPEN↙。

调用命令后，系统将弹出"选择文件"对话框（图 1-10）；用鼠标双击要打开的图形文件或选中图形文件后单击"打开"按钮，即可打开选择的图形文件。

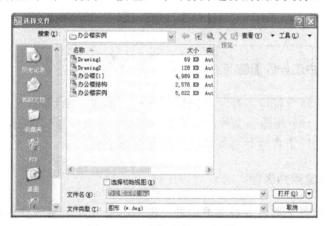

图 1-10　"选择文件"对话框

1.5.3　保存图形文件

保存图形文件有快速保存、另存为两种方式。

1．**快速保存**　以当前文件名、文件类型、路径保存图形。调用命令方法如下：

（1）工具栏：单击"标准"工具栏中的 按钮。

（2）下拉菜单："文件"→"保存"。

（3）命令行：QSAVE↙。

调用命令后，系统将当前图形文件以原文件名保存到原来的位置覆盖原文件。

2．**另存为**　可以指定新的文件名、文件类型、路径来保存图形。调用命令方法如下：

（1）下拉菜单："文件"→"保存"。

（2）命令行：SAVEAS↙。

调用命令后，系统将弹出"图形另存为"对话框，如图 1-11 所示；在"文件名"栏输入文件的新名称，并指定该文件保存的新路径和文件类型。单击【保存】按钮保存为另一文件。

图 1-11　"图形另存为"对话框

1.5.4 关闭图形文件

保存图形文件后可将图形文件关闭。调用命令方法如下：

（1）下拉菜单："文件"→"退出"。

（2）命令行：CLOSE↙。

如果图形文件没有保存，系统将弹出"AutoCAD"对话框，如图 1-12 所示；单击"是"按钮保存并关闭文件。

图 1-12 "AutoCAD"对话框

上 机 练 习

练习1-1 用户工作界面练习

练习内容：调整命令窗口，打开及关闭工具栏、面板，创建用户工作空间。

操作任务：建立一个新图形文件，显示文本窗口。将命令窗口的提示信息设置为 5 行。打开"查询""标注"工具栏并将其移动到绘图区域右侧。

练习 1-2 设定用户界面

练习内容：使用"工具"下拉菜单中的"选项"命令，对系统参数进行设置。设置图形窗口的背景颜色、光标的大小、图形的显示精度、拾取框的大小与颜色、夹点的大小与颜色、显示或关闭工具栏。

操作任务：将图形窗口的背景颜色设为白色，将光标设置为 100%，设置图形的显示精度，设置拾取框为最大、颜色为黄色，将未选中夹点颜色设置为绿色、将选中夹点颜色设置为蓝色、将悬停夹点颜色设置为红色，设置完毕后，再改回原来的默认设置。

练习 1-3 绘图及文件管理练习

练习内容：新建并保存文件，命令的调用与退出，简单的绘图命令。

操作任务：新建一个文件，查阅相应章节，绘制如图 1-13 所示图形。绘制时可使用"帮助"功能，运用保存命令，将文件保存到桌面的"CAD"文件夹，文件名为"第 1 章练习.dwg"

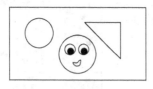

图 1-13 练习 1-3

第2章 | AutoCAD 绘图辅助命令及简单图形的精确绘制与编辑

 学习要点 ···

- ④ AutoCAD 绘图环境的设置
- ④ 坐标系及坐标的应用
- ④ 利用辅助绘图工具提高绘图精度和质量
- ④ 选择编辑对象的方式
- ④ 视窗的缩放与移动

···

2.1 AutoCAD 绘图环境的设置

2.1.1 AutoCAD 的绘图过程

AutoCAD 2008 绘图一般按照以下顺序进行：

1. **设置环境** 包括图形界限、单位、捕捉间隔、对象捕捉方式、尺寸样式、文字样式和图层等的设定。对于单张图，其中文字和尺寸样式的设定也可以在使用时随时设定。对于整套图，应当全部设定完后保存成模板，以后绘制新图时套用该模板。

2. **绘制图形和编辑图形** 每张建筑施工图均包含大量图形元素，在进行绘制时应分图层绘制和管理，每一图层中一般先绘制简单图形，注意采用必要的捕捉、追踪等功能进行精确绘图，然后充分发挥编辑命令和辅助绘图命令的优势，将简单图形编辑为各种复杂的施工图形。

3. **填充图案** 对于一些建筑施工图中需要通过不同图案来表示不同材质或装修的做法时，应在图形绘制完毕后，进行图案填充。

4. **书写文字说明及标注尺寸** 运用文字输入功能在图纸中书写必要的文字说明，运用标注命令标注图样中全部尺寸，具体应根据图形的种类和要求来标注。

5. **保存图形、输出图形** 绘图完毕，首先将图形保存，需要时在布局窗口中设置好后输出或硬拷贝。

2.1.2 设置图形界限

图形界限就是用户的工作区域和图纸的边界，AutoCAD 工作界面的图形窗口没有界限，但绘制的图形大小是有限的，为了更好地显示图形和方便操作，需要在绘图之前设置图形界限。

任务 2-1 在 AutoCAD 2008 中，设置如图 2-1 所示的图形界限。

图 2-1　需设置的图形界限尺寸

1. 执行方式

（1）下拉菜单："格式"→"图形界限"。

（2）命令行：LIMITS✓。

2. 操作过程

单击"格式"下拉菜单→"图形界限"命令。

启动命令，系统提示：

指定左下角点或[开(ON)/关(OFF)] <0.0000,0.0000>：✓（设置图形界限左下角的位置，默认值为（0.0000,0.0000），用户可回车接受其默认值或输入新值）

指定右上角点<420.0000,297.0000>：59400,42000✓（可以接受其默认值或输入一个新坐标以确定绘图界限的右上角位置）

命令：Z✓（在命令行中输入"Z"并回车）

ZOOM

指定窗口的角点，输入比例因子(nX 或 nXP)，或者

[全部(A)/中心(C)/动态(D)/范围(E)/上一个(P)/比例(S)/窗口(W)/对象(O)]<实时>：A✓ 正在重生成模型。（图形界限充满屏幕显示）

通过以上操作，图形界限设置完毕。

👉**提示**

1. 图形界限的大小应根据所绘图的大小确定，也可以按照图纸大小确定。由于绘图时是按照 1:1 绘制，则图纸尺寸应为图幅尺寸乘以出图比例。

2. 在图形界限设置完毕后进行视图缩放操作，是将图形界限充满屏幕显示。

2.1.3　正交和栅格

在实际绘图中，用鼠标定位虽然方便快捷，但精度不高，绘制的图形很不精确，远远不能满足工程制图的要求。AutoCAD 提供了一些绘图辅助工具，如正交（ORTHO）、栅格（GRID）等来帮助用户精确绘图。

1. 正交　用鼠标来画水平和垂直线时，会发现仅凭肉眼去观察和掌握，稍一偏差，就会出现水平线不水平、垂直线不垂直。为解决这个问题，AutoCAD 提供了一个正交（ORTHO）功能。在正交模式下，可使绘制直线或移动对象等操作只能沿 X 轴或 Y 轴，即操作被强行限制在两个方向。在正交功能下绘制的直线，彼此互相平行或垂直。建筑图形中，房屋等大部分图形对象具有横平竖直的特点，而且正交功能可以在命令执行过程中随时激活和关闭。所以正交功能的灵活运用，可大大提高绘图效率。

执行正交功能可以选择以下任一操作：

（1）在状态栏上单击"正交"按钮。状态栏"正交"按钮凹下时，表示正交功能被激活，"正交"按钮凸起时表示正交功能处于关闭状态。

（2）按下键盘上的【F8】键。本方法是推荐使用方式。

2. 栅格　栅格（GIRD）是一种可见的位置参考图标，由一系列排列规则的点组成，它类似于方格纸，有助于定位。当栅格和捕捉配合使用时，对于提高绘图精确度有重要作

用。如图 2-2 所示为栅格打开状态时的绘图区。

　　用户可在"草图设置"对话框（图 2-3）中进行栅格和捕捉的设置。打开该对话框有以下两种方法：

　　（1）下拉菜单："工具"→"草图设置"。

　　（2）命令行：DSETTINGS✓。

　　用户可在"草图设置"对话框"捕捉和栅格"选项卡中设置栅格的密度和开启状态。在该对话框中的"栅格间距"选项组内有两个文本框，可以在"栅格 X 轴间距"的文本框内输入栅格点阵在 X 轴方向的间距，在"栅格 Y 轴间距"文本框内输入栅格点阵在 Y 轴方向的间距。在"草图设置"对话框左下角的"捕捉类型"选项组中，可以设置捕捉类型。

　　栅格只是一种辅助定位图形，不是图形文件的组成部分，只显示在绘图界限范围之内，也不能被打印输出。通常，栅格和捕捉是配合使用的。

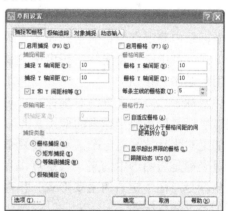

图 2-2　栅格打开状态时的绘图区　　　　　图 2-3　"草图设置"对话框

2.2　坐标系与点的输入

2.2.1　AutoCAD 2008 坐标系

　　AutoCAD 采用三维笛卡尔直角坐标系统来确定点的位置,坐标系统可以分为世界坐标系（WCS）和用户坐标系（UCS）。

　　1．**世界坐标系**　世界坐标系（World Coordinate System，WCS）是 AutoCAD 的默认坐标系。它由 3 个互相垂直并相交的 X、Y、Z 轴组成。在绘图区的左下角显示了 WCS 图标，X 轴正方向水平向右，Y 轴正方向垂直向上，Z 轴正方向垂直于 XY 平面向外指向用户。坐标原点在绘图区左下角默认为（0，0，0）。世界坐标系（WCS）的坐标原点和坐标轴是固定的，不会随用户的操作而发生变化。

　　2．**用户坐标系**　AutoCAD 提供了可变的用户坐标系（User Coordinate System, UCS）以方便绘制图形，在默认情况下用户坐标系（UCS）与世界坐标系（WCS）相重合。在绘图过程中，能根据需要以世界坐标系（WCS）中的任意位置和方向定义用户坐标系（UCS）。通过观察绘图窗口左下角坐标系图标的样式，可区分和判别当前坐标系类型。它们的区别如图 2-4 所示，图 2-4a 图标中 X、Y 坐标轴的交点处有一个小方格"口"，是世界坐标系，图 2-4b 图标中没有小方格，是用户坐标系。

2.2.2 坐标点的键盘输入

工程图纸上的内容需要精确绘制、准确定位，任何简单或复杂的图形，都是由不同位置的点以及点与点之间的连接线（直线或弧线）组合而成的。所以确定图形中各点的位置，是首先要学习的内容。

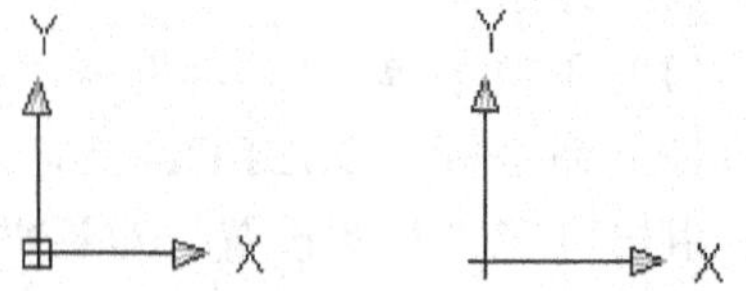

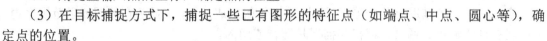

a）世界坐标系　　　b）用户坐标系

图 2-4　坐标系

AutoCAD 确定点的位置一般可采用以下三种方法：

（1）在绘图窗口中左击鼠标，确定点的位置。

（2）用键盘输入点的坐标，确定点的位置。

（3）在目标捕捉方式下，捕捉一些已有图形的特征点（如端点、中点、圆心等），确定点的位置。

本节主要讲述第二种方法，用键盘输入点的坐标，精确定点。

在坐标系中确定点位置的坐标表达方式主要有直角坐标、极坐标、柱面坐标和球面坐标四种方式。其中，直角坐标、极坐标主要适用于绘制二维平面图形，而柱面坐标和球面坐标适用于绘制三维图形。

四种坐标表达方式又有绝对坐标、相对坐标两种表达形式。

绝对坐标是以当前坐标系的原点（0，0，0）为基准点，定位所有的点。图形中的任意一个点的绝对坐标值只有一个，对于较复杂的图形，使用绝对坐标操作很不方便。

相对坐标是将图形中的某一特定点作为原点，用两点间的相对位置确定点的位置。使用相对坐标是绘图中定点的主要形式。相对坐标与绝对坐标的区别为，相对坐标在坐标值的前面加上"@"符号。

1．直角坐标

（1）绝对直角坐标：输入点的坐标（X，Y，Z），在二维图形中，Z 可省略。如"30，20"是指点的坐标为（30，20，0）。

（2）相对直角坐标：输入点的相对坐标，必须在前面加上"@"，如"@16，18"是指该点相对于上一点，沿 X 方向移动 16，沿 Y 方向移动 18。

任务 2-2 运用绝对坐标绘制一条直线，如图 2-5 所示。

单击"绘图"工具栏中的 / 按钮。

启动命令，系统提示：

命令：_line 指定第一点：50，80✓（输入 A 点绝对坐标）

指定下一点或 [放弃(U)]：100，200✓（输入 B 点绝对坐标）

指定下一点或 [放弃(U)]：✓（回车结束命令）

任务 2-3 运用相对坐标绘制一条直线，如图 2-6 所示。

单击"绘图"工具栏中的 / 按钮。

启动命令，系统提示：

命令：_line 指定第一点：（单击鼠标左键任选一点A，最方便的第一点输入方式）

指定下一点或 [放弃(U)]：@100，100✓（输入B点相对于A点的相对坐标）

指定下一点或 [放弃(U)]：✓（回车结束命令）

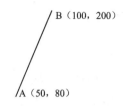

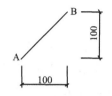

图 2-5 运用绝对坐标画直线　　　　　图 2-6 运用相对坐标画直线

2．极坐标

（1）绝对极坐标：给定距离和角度，在距离和角度中间加"<"符号，且规定 X 轴正向为 0°，Y 轴正向为 90°。如"44<30"，指距原点 44，与 X 轴正向夹角 30°的点。

（2）相对极坐标：在距离前加"@"符号，如"@44<30"，指输入的点距上一点的距离为 44，和上一点的连线与 X 轴正向成 30°。

 任务 2-4 运用绝对极坐标绘制一条直线，如图 2-7 所示。

单击"绘图"工具栏中的 / 按钮。

启动命令，系统提示：

> **命令：_line指定第一点：50<45** ✓ （输入A点绝对极坐标）
> **指定下一点或 [放弃(U)]：200<75** ✓ （输入B点绝对极坐标）
> **指定下一点或 [放弃(U)]：** ✓ （回车结束命令）

 任务 2-5 运用相对极坐标绘制一条直线，如图 2-8 所示。

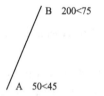

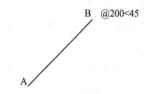

图 2-7 运用绝对极坐标绘制直线　　　图 2-8 运用相对极坐标绘制直线

单击"绘图"工具栏中的 / 按钮。

启动命令，系统提示：

> **命令：_line指定第一点：** （单击鼠标左键任选一点A，最方便的第一点输入方式）
> **指定下一点或[放弃(U)]：@200<45** ✓ （输入B点相对于A点的相对极坐标）
> **指定下一点或[放弃(U)]：** ✓ （回车结束命令）

提示

极坐标的角从 X 轴正向按逆时针旋转，角度为正，从 X 轴正向按顺时针旋转，角度为负。

3．**柱面坐标**　柱面坐标是极坐标在三维空间的推广。输入格式为"D<Angle，Z"，其中，D 是柱面的半径，即该点在 XOY 平面上的投影与原点之间的距离；Angle 是该点与原点连线在 XOY 平面上的投影与 X 轴正方向的夹角；Z 是该点的 Z 坐标。

4．**球面坐标**　球面坐标是极坐标在三维空间的另一推广。输入格式为"D<Angle1<Angle2"，其中，D 是该点与原点之间的距离；Angle1 是该点与原点连线在 XOY 平面上的投影与 X 轴正方向的夹角；Angle2 是该点与原点连线与 XOY 平面的夹角。

2.3 对象捕捉

在手工绘图中，控制精确度主要靠绘图工具和眼睛，而且总有一定的误差，图形大了误差便会越积越大。在 AutoCAD 绘图中，利用对象捕捉来控制精确性，误差便降得极低，甚至几乎没有。对象捕捉是一个十分有用的工具。其作用是：十字光标可以被强制性地准确定位在已存在实体的特定点或特定位置上。形象地说，对于屏幕上两条直线的一个交点，若要以这个交点为起点再绘直线，就能准确地把光标定位在这个交点上，这仅靠眼睛是很难做到的。若利用交点捕捉功能，只需把十字光标置于选择框内，甚至在选择框的附近便可准确地确定在交点上，从而保证了绘图的精确度。

2.3.1 对象捕捉操作方式

1. **激活和关闭对象捕捉功能**　操作方法主要有以下 4 种：

（1）键盘方式：按键盘上的【F3】功能键。

（2）鼠标方式：单击状态栏上的"对象捕捉"按钮。

（3）工具栏方式：调用"对象捕捉"工具栏，如图 2-9 所示，直接单击相应按钮。

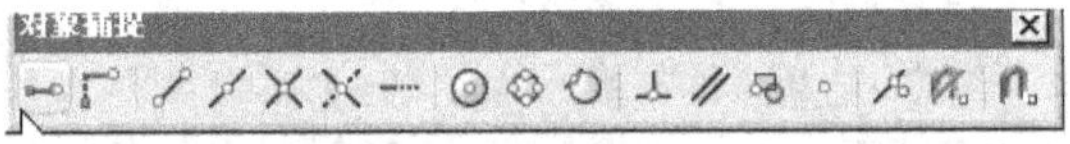

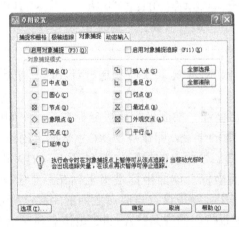

图 2-9　"对象捕捉"工具栏

（4）快捷菜单方式：在图形窗口中，做【Shift+鼠标右键】操作（按住【Shift】键不放并右击鼠标），可弹出"对象捕捉"快捷菜单，如图 2-10 所示，移动鼠标到指定命令后单击，就可激活捕捉相应对象的功能。

2. **自定义对象捕捉模式**　频繁地调用快捷菜单和工具条捕捉对象特征点，是一个效率较低的操作方法。

AutoCAD 高手通常采用自定义对象捕捉模式，达到优化捕捉操作的目的。自定义模式允许用户同时定义多个捕捉特征点，这样就可避免频繁而重复地调用，提高绘图效率。自定义对象捕捉模式的步骤分为以下两步：

（1）调出"对象捕捉"选项卡：右键单击状态栏"对象捕捉"按钮，弹出"草图设置"对话框，选择"对象捕捉"选项卡，如图 2-11 所示。

图 2-10　"对象捕捉"快捷菜单

图 2-11　"草图设置"对话框（"对象捕捉"选项卡）

（2）勾选特征点：AutoCAD 为用户提供了 13 种特征点。被捕捉点为"端点"时，显示符为"口"；被捕捉点为"中点"时，显示符为"△"。命令执行过程中，系统自动捕捉离鼠标最近的特征点，并显示被捕捉点的"显示符"提示供用户判别，AutoCAD 所提供的对象捕捉功能，均是对绘图中控制点的捕捉而言的，对于反复调用的特征点可进行勾选，以便随时捕捉。

2.3.2 对象捕捉模式

AutoCAD 2008 共有 13 种对象捕捉模式，如图 2-11 所示，其中常用的有 7 种。下面分别对这 13 种捕捉模式加以介绍。

● 端点捕捉（ENDPOINT）：用来捕捉实体的端点，该实体可以是一段直线，也可以是一段圆弧。捕捉时，将靶区（拾取框）移至所需端点所在的一侧，单击左键便可。靶区总是捕捉它所靠近的那个端点。

● 中点捕捉（MIDPOINT）：用来捕捉一条直线或圆弧的中点。捕捉时只需将靶区放在直线上即可，而不一定放在中部。

● 圆心捕捉（CENTER）：使用圆心捕捉模式，可以捕捉一个圆、圆弧或圆环的圆心。注意：捕捉圆心时，一定要用拾取框选择圆或弧本身而非直接选择圆心部位，此时光标便自动放在圆心闪烁。

● 节点捕捉（NODE）：用来捕捉点实体或节点。使用时，需将靶区放在节点位置。

● 象限点捕捉（QUADRANT）：捕捉圆、圆环或圆弧在整个圆周上的四分点。一个圆四等分后，每一部分称为一个象限，象限在圆的连接部位即是象限点。靶区也总是捕捉离它最近的那个象限点。

● 交点捕捉（INTERSECTION）：该模式用来捕捉实体的交点，这种模式要求实体在空间内必须有一个真实的交点，无论交点目前是否存在，只要延长之后相交于一点即可。捕捉交点时，交点必须位于靶区内。

● 插入点捕捉（INSERTION）：用来捕捉一个文本或图块的插入点，对于文本来说就是其定位点。

● 垂足捕捉（PERPENDICULAR）：该模式是在一条直线、圆弧或圆上捕捉一个点，从当前已选定的点到该捕捉点的连线与所选择的实体垂直。

● 切点捕捉（TANGENT）：在圆或圆弧上捕捉一点，使这一点和已确定的另外一点连线与实体相切。

● 最近点捕捉（NEAREST）：此方式用来捕捉直线、弧或其他实体上离靶区中心最近的点。

● 外观交点捕捉（APPARENT INTERSECTION）：用来捕捉两个实体的延伸交点。该交点在图上并不存在，而仅仅是同方向上延伸后得到的交点。

● 平行点捕捉（PARALLEL）：捕捉一点，使已知点与该点的连线与一条已知直线平行。

● 延伸线捕捉（EXTENSION）：用来捕捉一已知直线延长线上的点，即在该延长线上选择出合适的点。

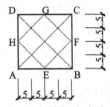

图 2-12 对象捕捉命令应用实例

✎ **任务 2-6** 绘制图 2-12 所示的图形。

将鼠标放置在状态栏"对象捕捉"按钮处，单击右键，选择"设置"调用"对象捕捉"选项卡。

勾选特征点：端点、中点、象限点、交点，单击"确定"。

鼠标方式：单击状态栏上的"对象捕捉"按钮。

单击"绘图"工具栏中的 ╱ 按钮。

启动命令，系统提示：

命令：_line指定第一点：（单击左键任选一点，最方便的第一点输入方式）

指定下一点或[放弃(U)]：@20, 0✓（输入B点相对于A点的相对直角坐标）

指定下一点或[放弃(U)]：@0, 20✓（输入C点相对于B点的相对直角坐标）

指定下一点或[放弃(U)]：@ -20, 0✓

指定下一点或[放弃(U)]：@0, -20✓

指定下一点或[放弃(U)]：（单击E点附近，即可捕捉到E点）

指定下一点或[放弃(U)]：（单击F点附近，即可捕捉到F点）

指定下一点或[放弃(U)]：（单击G点附近，即可捕捉到G点）

指定下一点或[放弃(U)]：（单击H点附近，即可捕捉到H点）

指定下一点或[放弃(U)]：（单击A点附近，即可捕捉到A点）

指定下一点或[放弃(U)]：（单击C点附近，即可捕捉到C点）

指定下一点或[放弃(U)]：（单击B点附近，即可捕捉到B点）

指定下一点或[放弃(U)]：（单击D点附近，即可捕捉到D点）

指定下一点或[放弃(U)]：✓（回车结束命令）

2.3.3 动态输入

动态输入设置可使用户直接在鼠标点处快速启动命令、读取提示和输入值，而不必把注意力分散到图形编辑器外。用户可在创建和编辑几何图形时动态查看标注值，如长度和角度，通过【Tab】键可在这些值之间切换。可使用在状态栏中设置的"DYN"按钮来启用动态输入功能。

2.4 对象选择

用 AutoCAD 绘制图形过程中，经常要选择图形或图形的一部分执行编辑操作，如删除、移动或复制。正确、快捷地选择目标对象是进行图形编辑的基础。用户选择实体对象后，该实体将呈高亮虚线显示，如图 2-13b 所示，即组成实体的边界轮廓线的原先的实线变成虚线，十分明显地和那些未被选中的实体（图 2-13a）区分开来。

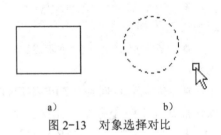

a)   b)

图 2-13 对象选择对比

2.4.1 拾取框选择

当用户执行编辑命令后，十字光标被一个小正方形框所取代，并出现在光标所在的当前位置处，在 AutoCAD 中，这个小正方形框被称为拾取框（PICK BOX）。将拾取框移至编辑的目标上，单击左键，即可选中目标，此时被选中的目标呈现虚线高亮显示，如图 2-13b 所示。

2.4.2　窗口方式和交叉方式选择

除了可用单击拾取框方式选择单个实体外，AutoCAD 还提供了矩形选择框方式来选择多个实体。矩形选择框方式又包括窗口（WINDOW）方式和交叉（CROSSING）方式。这两种方式既有联系，又有区别。

1．WINDOW 方式　执行编辑命令后，在"选择对象："提示下单击左键，选择第一对角点（First corner），从左向右移动鼠标至恰当位置，再单击左键，选取另一对角点（Other corner），即可看到绘图区内出现一个实线的矩形，称之为 WINDOW 方式下的矩形选择框，如图 2-14a 所示。此时，只有全部被包含在该选择框中的实体目标才被选中，如图 2-14b 所示。

2．CROSSING 方式　执行编辑命令后，在"选择对象："提示下单击左键，选取第一对角点，从右向左移动鼠标，再单击左键，选取另一对角点，即可看到绘图区内出现一个呈虚线的矩形，称之为 CROSSING 方式下的矩形选择框，如图 2-15a 所示。此时完全被包含在矩形选择框之内的实体以及与选择框部分相交的实体均被选中如图 2-15b 所示。

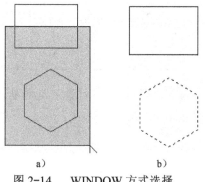

图 2-14　WINDOW 方式选择

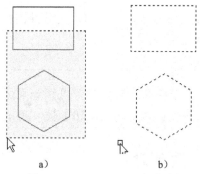

图 2-15　CROSSING 方式选择

2.4.3　选项方式

上面所讲的两大类型三种选择方式是 AutoCAD 的默认设置，其他选择方式则需要通过选项的形式来实现。

在命令行"选择对象："提示后，直接输入"?"后按回车键，就会在命令窗口中出现下列两行提示：

> 需要点或窗口(W)/上一个(L)/窗交(C)/框(BOX)/全部(ALL)/栏选(F)/圈围(WP)/圈交(CP)/编组(G)/添加(A)/删除(R)/多个(M)/前一个(P)/放弃(U)/自动(AU)/单个(SI)

提示行中各选项之间用"/"符号分隔，只要在"选择对象："提示后输入各选项括号内的单词后按回车键，就可启动对应选项功能。

窗口（W）和窗交（C）选项对应上述的窗口方式和交叉方式，其他各选项的功能含义简介如下：

● 上一个（L）：把用户最后绘制的图形对象加入选择集。

● 框（BOX）：是 WINDOW 和 CROSSING 选择方式的综合，根据定点顺序自动指定两种形式中的一种。

- 全部（ALL）：选择所有可选对象。
- 栏选（F）：要求用户在绘图区指定一条栅栏线（栅栏线可以由多条直线组成，折线可以不闭合），凡与栅栏线相交的对象均被选中。
- 圈围（WP）：同 WINDOW 方式一样，区别在于 WINDOW 选择框为矩形，而 WPOLYGON 选择框可以是任意的。
- 圈交（CP）：同 CROSSING 方式一样，区别在于 CROSSING 选择框为矩形，而 CPOLYGON 选择框可以是任意的多边形。
- 编组（G）：按对象组选择对象。首先必须有已经构建好的对象组，构建对象组的命令为 GROUP，可参照命令说明。
- 添加（A）：ADD 将选择的对象移入选择集，通常和除（R）方式配合使用。
- 删除（R）：REMOVE 将选择的对象移出选择集。
- 多个（M）：MULTIPLE 用户指定多个点来选择对象，但选中的对象并不立即呈虚线高亮显示，只有当按回车键确认多重选择结束后，所选对象才呈虚线高亮显示。
- 前一个（P）：PREVIOUS 把最近一次选择的对象重新构成选择集作为本次操作的对象。
- 放弃（U）：UNDO 取消最近一次选择的对象。重复执行该选项，可以由后向前逐步取消已经选取的对象。

☞ 提示

　　在选择多个对象时，用户如果错误地选择了某个对象，要取消该对象的选择状态，可以按住键盘上的【Shift】键，用鼠标单击该对象即可。

2.5 删除对象

删除是绘图工作中最常用的操作之一。删除对象的命令执行方法有以下 3 种：

（1）下拉菜单："修改"→"删除"。

（2）命令行：ERASE（E）✓。

（3）工具栏：单击"修改"工具栏中的 ✍ 按钮。

删除命令的操作分为两步：执行命令、选择对象。执行步骤的顺序不同，操作过程有所区别。

1. 先执行命令后选择对象方式　按本方式操作，用户选择对象后，被选对象并不立即被删除。只有当按回车键结束命令后，被选对象才被删除。

2. 先选择对象后执行命令方式　按本方式操作，一旦执行命令，删除命令就立即执行，而不会出现任何提示。

用户先选择对象，然后按键盘上的【Delete】键，也可实现删除对象的效果。

2.6 视图的缩放与移动

使用 AutoCAD 绘图时，由于显示器大小的限制，往往无法看清图形的细节，也就无法准确地绘图。为此，AutoCAD 2008 提供了多种改变图形显示的方式。

2.6.1　视图缩放（ZOOM）

绘图时所能看到的图形都处在视窗中。利用视图缩放（ZOOM）功能，可以改变图形实体在视窗中显示的大小，从而方便地观察在当前视窗中太大或太小的图形，或准确地进行绘制实体、捕捉目标等操作。它的功能如同照相机的可变焦镜头，能够放大或缩小当前视窗中观察对象的视觉尺寸，而其实际尺寸并不改变。

启动 ZOOM 命令有以下 3 种方式。

（1）下拉菜单："视图"→"缩放"，打开 ZOOM 子菜单，在其中可选择相应的 ZOOM 命令。

（2）工具栏：单击"标准"工具栏的 ZOOM 命令对应的三个图标按钮之一。

（3）命令行：ZOOM（Z）✓。

启动 ZOOM 命令之后，ZOOM 命令在命令行出现如下提示信息，共包括了 ZOOM 命令的 8 个选项。

指定窗口的角点，输入比例因子(nX 或 nXP)，或者
[全部(A)/中心(C)/动态(D)/范围(E)/上一个(P)/比例(S)/窗口(W)/对象(O)] <实时>：

下面对这 8 个选项分别进行介绍。

● 全部（A）：选择 ALL 选项，将依照图形界限（LIMITS）或图形范围（EXTENTS）的尺寸，在绘图区域内显示图形。图形界限与图形范围中哪个尺寸大，便由哪个决定图形显示的尺寸，即图形文件中若有图形实体处在图形界限以外的位置，便由图形范围决定显示尺寸，将所有图形实体都显示出来。

● 中心（C）：选择 CENTER 选项，AutoCAD 将根据所确立的中心点调整视图。选择 CENTER 选项后，用户可直接用鼠标在屏幕选择一个点作为新的中心点。确定中心点后，AutoCAD 要求输入放大系数或新视图的高度。如果在输入的数值后面加一个字母 X，则此输入值为放大倍数；如果未加 X，则 AutoCAD 将这一数值作为新视图的高度。

● 动态（D）：选择 DYNAMIC 选项，先临时将图形全部显示出来，同时自动构造一个可移动的视图框（该视图框通过切换后可以成为可缩放的视图框），用此视图框来选择图形的某一部分作为下一屏幕上的视图。在该方式下，屏幕将临时切换到虚拟显示屏状态。

● 范围（E）：EXTENTS 选项将所有图形全部显示在屏幕上，并最大限度地充满整个屏幕。这种方式会引起图形再生，速度较慢。

● 上一个（P）：使用 ZOOM 命令缩放视图后，以前的视图便被 AutoCAD 自动保存起来，AutoCAD 一般可保存最近的 10 个视图。选择 PREVIOUS 命令，将返回上一视图，连续使用 PREVIOUS 命令，将逐步退回，直至前 10 个视图。若在当前视图中删除了某些实体，则使用 PREVIOUS 命令返回上一视图后，该视图中不再有这些图形实体。

● 比例（S）：选择 SCALE 选项，可根据需要比例放大或缩小当前视图，且视图的中心点保持不变。选择 SCALE 后，AutoCAD 要求用户输入缩放比例倍数。输入倍数的方式有两种：一种是数字后加字母 X，表示相对于当前视图的缩放倍数；一种是只有数字，该

数字表示相对于图形界限的倍数。一般来说，相对于当前视图的缩放倍数比较直观，且容易掌握，因此比较常用。

● 窗口（W）：该选项可直接用 WINDOW 方式选择下一视图区域。当选择框的宽高比与绘图区的宽高比不同时，AutoCAD 使用选择框宽与高中相对当前视图放大倍数较小者，以确保所选区域都能显示在视图中。事实上，选择框的宽高比几乎都不同于绘图区，因此选择框外附近的图形实体也可以出现在下一视图中。

● 对象（O）：OBJECT 选项可直接选择实体对象，并将所选择的所有对象最大化地出现在视图中。

2.6.2 视图平移（PAN）

使用 AutoCAD 绘图时，当前图形文件中的所有图形实体并不一定全部显示在屏幕内，如果想查看当前屏幕外的实体，可以使用平移命令 PAN。PAN 比缩放视图要快得多，另外操作直观、形象而且简便。

启动 PAN 命令有以下 3 种方法：

（1）下拉菜单："视图"→"平移"→"实时"。

（2）工具栏：单击"标准"工具栏中的 按钮。

（3）命令行：PAN（P）↙。

此时屏幕上出现图标，按住左键拖动鼠标，即可移动图形显示，就像用手在图板上推动图纸一样。

上 机 练 习

 练习2-1 设定图形界限及绘图单位

练习内容：图形界限、绘图单位及正交功能的使用。

操作任务：新建一个图形文件，使用"格式"下拉菜单中的"图形界限"命令，设置 420×297 图形界限，并设定绘图单位。开启正交功能。

 练习2-2 直角坐标及直线绘制

练习内容：直角坐标的输入，直线的绘制。

操作任务：运用直线命令以及相对直角坐标绘制下列图 2-16 所示的图形。

 练习2-3 极坐标及直线绘制

练习内容：极坐标的输入，直线的绘制。

操作任务：运用极坐标及直线命令绘制下列图 2-17 所示的图形。

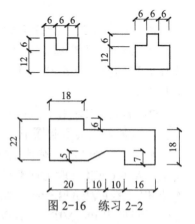

图 2-16　练习 2-2

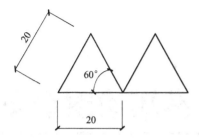 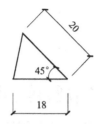

图 2-17　练习 2-3

练习2-4　对象捕捉功能、直线及圆的绘制

练习内容： 运用对象捕捉的方法拾取特征点，直线和圆的绘制。

操作任务： 绘制下列图 2-18 所示的图形。

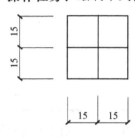 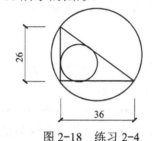 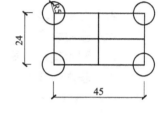

图 2-18　练习 2-4

练习2-5　视图缩放及保存

练习内容： 运用视图缩放命令观察上述绘制的图形。

操作任务： 利用视图缩放命令，对命令的每个选项进行练习。运用保存命令，将文件保存到桌面的"CAD"文件夹，文件名为"第 2 章练习.dwg"。

练习2-6　平面图绘图初始设置

对附图 A-1 的首层平面图进行绘图初始设置。

（1）新建一个图形文件。

（2）图形界限设定。在进行 CAD 绘图时，为提高绘图速度和准确性，应全部采用真实尺寸绘图，即为1:1 绘图。因此图形界限的尺寸设定为所画图形的最长和最宽尺寸的2～3 倍即可。观察确定平面图中最长及最宽尺寸，确定图形界限，并进行设置。

（3）设置本图的单位及对象捕捉方式。打开"图形单位"对话框，在"长度"组合框中的"类型"下拉列表中选择"小数"，在"精度"下拉列表中选择"0"。

在对象捕捉方式的设定中，只需选择"端点"、"交点"。

（4）绘制一个 A3 号图图框及标题栏。根据《房屋建筑制图统一标准》（GB/T 50001—2010），采用直线命令或矩形命令绘制 3 号图图框及标题栏。

（5）文件保存。运用保存命令，将文件保存到桌面的"CAD"文件夹，文件名为"砖混住宅楼.dwg"。

第3章 AutoCAD 常用绘图命令

学习要点

- ㊣ AutoCAD 常用绘图命令的功能和操作方法
- ㊣ 绘制点、直线类、多边形类和曲线类对象
- ㊣ 绘制多段线、多线
- ㊣ 图案填充
- ㊣ 利用辅助绘图工具提高绘图精度和质量
- ㊣ 基本命令在绘图实践中的技巧应用

绘图是 AutoCAD 的基本功能，任何一个复杂图形都是由最基本的几何图形组成的。本章主要介绍关于二维绘图常用绘图命令的功能、方法和操作技巧。

绘图命令的执行方式有命令行方式、下拉菜单方式和工具栏方式等，最常用的是使用工具栏图标。AutoCAD "绘图" 工具栏在默认状态下集合了 19 个绘图工具图标，如图 3-1 所示。

图 3-1 绘图工具栏

3 种方式都是启动绘图命令的执行方法，具有殊途同归的效果，但图标方式更直观、更便捷，菜单方式有层次感、表达直接，虽然命令行方式需要记忆命令全称并用键盘输入，但有些命令（如 FILL、TRACE 等）的执行必须使用这种方式。

3.1 绘制点

3.1.1 点（POINT）

1．功能 在指定位置绘制各种形式的点。

2．执行方式

（1）工具栏：单击"绘图"工具栏中的·按钮，执行绘制多点。

（2）下拉菜单："绘图"→"点"→"单点"或"多点"，执行绘制单点或多点。

（3）命令行：POINT(PO)↙，执行绘制单点。

3．操作过程

任务 3-1   绘制 A、B、C 三点，如图 3-2 所示。

● B（20，50）

● C（40，40）

● A（20，30）

图 3-2 绘制点

启动命令，系统提示：

命令：_point
当前点模式：PDMODE=0　PDSIZE=0.0000
指定点：20,30✓ （输入 A 点的绝对坐标）
指定点：40,40✓ （输入 C 点的绝对坐标）
指定点：20,50✓ （输入 B 点的绝对坐标）
指定点： （按【Esc】键结束命令）

> 📖 **提示**
> 　　指定点是指让用户给出点的位置即坐标，可单击左键用十字光标在绘图窗口选取某点，也可直接在提示后输入点的绝对坐标或相对坐标。

4．说明　AutoCAD 提供了多种样式的点，用户可根据需要进行设置，过程如下：

单击"格式"下拉菜单→"点样式…"，弹出"点样式"对话框，如图 3-3 所示。在该对话框中，用户可根据需要选择点的形式，调整点的大小，调整后 PDMODE、PDSIZE 的值也会相应改变。点的默认样式是实心小黑点，但不能作为一般结构施工图中钢筋的横断面圆点使用。

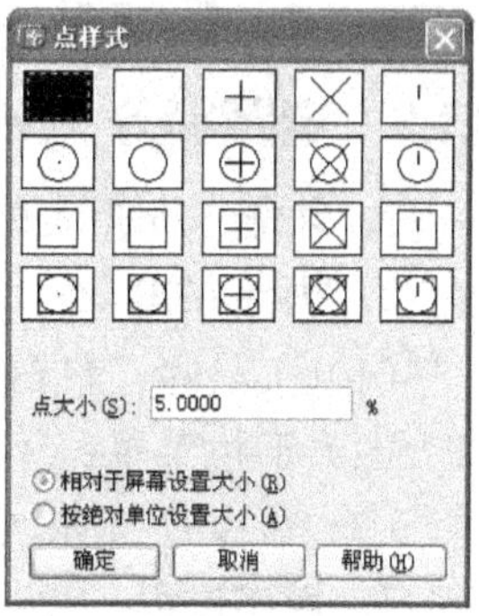

图 3-3　"点样式"对话框

3.1.2　定数等分（DIVIDE）

1．**功能**　按给定的等分数在指定的对象上绘制等分点，或在等分点处插入块。

2．**执行方式**

（1）工具栏：单击"绘图"工具栏中的 按钮。

（2）下拉菜单："绘图"→"点"→"定数等分"。

（3）命令行：DIVIDE✓。

3．**操作过程**

 任务 3-2　标出已知线段的四等分点，如图 3-4 所示。

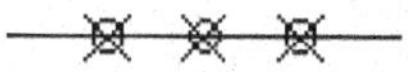

单击"格式"下拉菜单→"点样式…"，选择点的样式为 ⊠。

单击"绘图"下拉菜单→"点"→"定数等分"。

图 3-4　线段等分

启动命令，系统提示：

命令：_divide
选择要定数等分的对象： （选择线段）
输入线段数目或[块(B)]：4✓ （输入等分数 4，回车结束命令）

4．**说明**

（1）需要等分的对象要事先画出，可以是线段、圆、圆弧、样条曲线。

（2）输入线段数目时，若输入等分数，则在指定的对象上绘制出等分点,若输入 B,则在等分点处插入块。

5．举例

 任务 3-3 在已知圆的六等分点处插入图形☊，如图 3-5 所示。

将☊制作成块，取名 K1。

单击"绘图"下拉菜单→"点"→"定数等分"。

启动命令，系统提示：

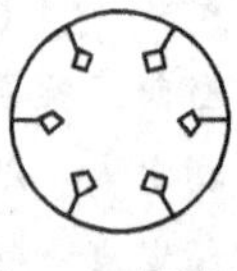

图 3-5　圆等分

> **命令：_divide**
> **选择要定数等分的对象：**（选择圆）
> **输入线段数目或 [块(B)]：B↙**（进行等分点插块操作）
> **输入要插入的块名：K1↙**（输入块名 k1）
> **是否对齐块和对象？[是(Y)/否(N)] <Y>：↙**（对齐块和对象）
> **输入线段数目：6↙**（输入等分数 6，回车结束命令）

3.1.3　定距等分（MEASURE）

1．功能　在指定的对象上按指定的长度在测量点处作标记或插入块。

2．执行方式

（1）工具栏：单击"绘图"工具栏中的 ╳ 按钮。

（2）下拉菜单："绘图"→"点"→"定距等分"。

（3）命令行：MEASURE↙。

3．操作过程

启动命令，系统提示：

> **命令：_measure**
> **选择要定距等分的对象：**（选择指定对象）
> **指定线段长度或[块(B)]：**（若输入长度值，则在指定对象上绘出标记点，若输入 B，则在标记点处插入块）

4．说明　需要进行定距等分的对象要事先画出，同样可以是线段、圆、圆弧、样条曲线。

👉 **提示**--

> 不要使用点的默认形式，操作前应改变点的样式设置，否则标记点显示不出来。

3.2　绘制直线类对象

3.2.1　直线（LINE）

1．功能　用于绘制水平、垂直及任意斜线，同时可绘制首尾相连的多条连续线段。

2．执行方式

（1）工具栏：单击"绘图"工具栏中的 ╱ 按钮。

（2）下拉菜单："绘图"→"直线"。

（3）命令行：LINE（L）↙。

3．操作过程

 任务 3-4 绘制如图 3-6 所示的矩形。

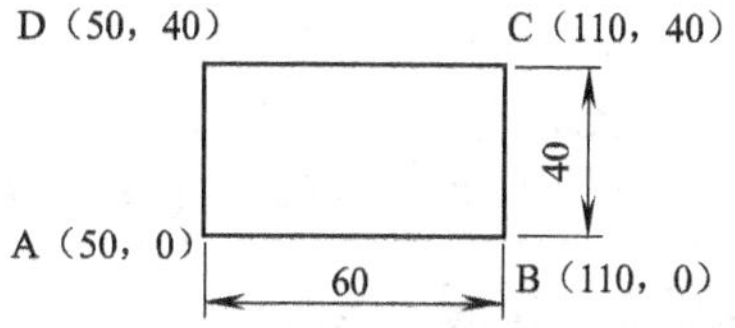

启动命令，系统提示：

> **命令：_line 指定第一点：50,0**✓（输入 A 点绝对直角坐标）
>
> **指定下一点或[放弃(U)]：110,0**✓（输入 B 点绝对直角坐标）
>
> **指定下一点或[放弃(U)]：110,40**✓（输入 C 点绝对直角坐标）
>
> **指定下一点或[闭合(C)/放弃(U)]：50,40**✓（输入 D 点绝对直角坐标）
>
> **指定下一点或[闭合(C)/放弃(U)]：50,0**✓（输入 A 点绝对直角坐标）
>
> **指定下一点或[闭合(C)/放弃(U)]：**✓（单击鼠标右键，或回车，或按【ESC】键结束绘制直线命令）

图 3-6　绘制矩形

4．说明

（1）利用 LINE 命令绘制的直线，各段均为独立的对象，只能对每一条直线进行单独的编辑操作。

（2）直线在默认状态下无宽度，即线宽为"0"，出图时为细实线。

（3）在命令行提示下输入 U，可取消刚画的线段，退回到前一线段的终点，用于画错时修改。

（4）在命令行提示下输入 C，可使最后线段的终点与第一点重合，形成一个封闭多边形并结束命令。

5．举例

 任务 3-5 绘制一条长度为 100 的水平直线，如图 3-7 所示。

启动命令，系统提示：

> **命令：_line 指定第一点：**（单击鼠标任选一点，确定 A 点绝对坐标）
>
> **指定下一点或[放弃(U)]：@100,0**✓（输入 B 点相对 A 点坐标）
>
> **指定下一点或[放弃(U)]：**✓（回车结束命令）

 任务 3-6 绘制一边长为 80 的等边三角形，如图 3-8 所示。

启动命令，系统提示：

> **命令：_line 指定第一点：**（单击鼠标任选一点，确定 A 点绝对坐标）
>
> **指定下一点或[放弃(U)]：@80<0**✓（输入 B 点相对 A 点的极坐标）
>
> **指定下一点或[放弃(U)]：@80<120**✓（输入 C 点相对 B 点的极坐标）
>
> **指定下一点或[闭合(C)/放弃(U)]：C**✓（与 A 点形成封闭图形）

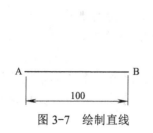

图 3-7　绘制直线

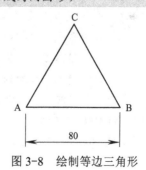

图 3-8　绘制等边三角形

提示

1. 在以上两例中，用鼠标任选第一点，表示输入了第一点的绝对坐标，在画图时用户无须费时费力记住此值，所以后面各点使用相对坐标更方便。

2. 打开正交模式（按下【F8】键），可绘制水平和垂直直线。

3.2.2 射线（RAY）

1．功能 以指定点为起点绘制通过若干点的射线。

2．执行方式

（1）工具栏：单击"绘图"工具栏中的 ／ 按钮。

（2）下拉菜单："绘图"→"射线"。

（3）命令行：RAY↙。

3．操作过程

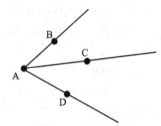

图 3-9　绘制射线

任务 3-7 绘制如图 3-9 所示的射线。

启动命令，系统提示：

命令：_ray 指定起点：（单击状态栏中的"对象捕捉"按钮<对象捕捉 开>，光标指向 A 点附近捕捉 A 点，指定起点）

指定通过点：（光标指向 B 点附近捕捉 B 点，绘出第一条射线）

指定通过点：（光标指向 C 点附近捕捉 C 点，绘出第二条射线）

指定通过点：（光标指向 D 点附近捕捉 D 点，绘出第三条射线）

指定通过点：（单击鼠标右键结束命令）

3.2.3 构造线（XLINE）

1．功能 通过指定点绘制向两端无限延长的直线。

2．执行方式

（1）工具栏：单击"绘图"工具栏中的 ／ 按钮。

（2）下拉菜单："绘图"→"构造线"。

（3）命令行：XLINE（XL）↙。

3．操作过程

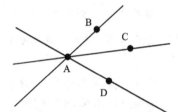

图 3-10　绘制构造线

任务 3-8 绘制如图 3-10 所示的构造线。

启动命令，系统提示：

命令：_xline 指定点或[水平(H)/垂直(V)/角度(A)/二等分(B)/偏移(O)]：（单击状态栏中的"对象捕捉"按钮<对象捕捉 开>，光标指向 A 点附近捕捉 A 点，指定起点）

指定通过点：（光标指向 B 点附近捕捉 B 点，绘出第一条射线）

指定通过点：（光标指向 C 点附近捕捉 C 点，绘出第二条射线）

指定通过点：（光标指向 D 点附近捕捉 D 点，绘出第三条射线）

指定通过点：（单击鼠标右键结束命令）

4．说明 执行 XLINE 命令后，命令行中显示出若干个选项，其中指定点选项为默认选项。如果用户不选择其他项，可直接响应默认选项。要执行其他选项时，需输入选项后的字符。

- 水平（H）：通过指定点绘制水平构造线。
- 垂直（V）：通过指定点绘制垂直构造线。
- 角度（A）：以指定的倾斜角度并通过指定点绘制构造线。

执行角度（A）选项后，系统提示：

> **输入构造线角度(0)或[参照(R)]：**（输入构造线倾斜角度）
> **指定通过点：**（指定点，绘出第一条射线）
> **指定通过点：**（指定点，绘出第二条射线）

通过指定多个通过点，可绘制多条指定角度的构造线。

若输入 R，则系统要求选择一个参照对象（可以是直线、多段线、射线或构造线），那么，倾斜角度将是构造线与参照对象之间的夹角。

- 二等分（B）：绘制角的平分线。

执行该选项后，系统提示：

> **指定角的顶点：**（指定角的顶点）
> **指定角的起点：**（指定角的起点）
> **指定角的端点：**（指定角的终点）

输入三点后，即可画出过角顶点的角平分线。

- 偏移（O）：绘制与指定直线平行的构造线。

执行该选项后，系统提示：

> **指定偏移距离或[通过(T)]<6.0000>：**（输入偏移距离值）
> **选择直线对象：**（用鼠标选取直线）
> **指定向哪侧偏移：**（在直线的一侧单击鼠标左键，确定构造线与直线的位置关系，绘出构造线）

在命令执行中，可每次选择不同的直线，这样便可绘制出多条与不同直线平行但距离相等的构造线。想结束命令时，单击鼠标右键。

该选项的功能与"修改"下拉菜单中的"偏移"命令相同。

5．举例

 任务 3-9 绘制与任意直线 A 呈 60°的构造线，如图 3-11 所示。

（1）绘制直线 A。

单击"绘图"工具栏中的 / 按钮。

启动命令，系统提示：

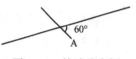

图 3-11　构造线实例

> **命令：_line 指定第一点：**（单击鼠标任选一点）
> **指定下一点或[放弃(U)]：**（移动鼠标，单击鼠标再任选一点）
> **指定下一点或[放弃(U)]：**（单击鼠标右键结束命令）

（2）绘制构造线。

单击"绘图"工具栏中的 / 按钮。

启动命令，系统提示：

> **命令：_xline 指定点或[水平(H)/垂直(V)/角度(A)/二等分(B)/偏移(O)]：**A✓（输入 A）
> **输入构造线的角度(0)或[参照(R)]：**R✓（利用参照对象确定倾斜角度）
> **选择直线对象：**（用鼠标选取直线 A）

输入构造线的角度<0>：60✓（输入参照角度60）

指定通过点：（单击鼠标左键在直线 A 附近任选一点，确定构造线位置）

指定通过点：（单击鼠标右键结束命令）

 任务 3-10 绘制角∠ABC 的角平分线，如图 3-12 所示。

（1）绘出角∠ABC，步骤略。

（2）单击"绘图"工具栏中的 ✓ 按钮。

启动命令，系统提示：

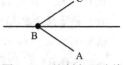

图 3-12 绘制角平分线

命令：_xline指定点或[水平(H)/垂直(V)/角度(A)/二等分(B)/偏移(O)]：B✓（输入 B）

指定角的顶点：（打开对象捕捉功能，光标指向 B 点附近时捕捉 B 点）

指定角的起点：（光标指向 A 点附近时捕捉 A 点）

指定角的端点：（光标指向 C 点附近时捕捉 C 点）

指定角的端点：（单击鼠标右键结束命令）

 提示

1. 在射线、构造线实例中，A、B、C、D 各点均已画出，如果未画出，需要在指定相应点时输入它们的坐标。

2. 学会利用对象捕捉功能，精准快速绘图。

3.3 绘制多边形类对象

3.3.1 矩形（RECTANG）

1. 功能 绘制矩形或带圆角、倒角的矩形。

2. 执行方式

（1）工具栏：单击"绘图"工具栏中的 □ 按钮。

（2）下拉菜单："绘图"→"矩形"。

（3）命令行：RECTANG✓。

3. 操作过程 矩形的绘制是通过确定其两对角点的坐标得到的。

 任务 3-11 绘制如图 3-6 所示的矩形。

启动命令，系统提示：

命令：_rectang

指定第一个角点或[倒角(C)/标高(E)/圆角(F)/厚度(T)/宽度(W)]：（利用鼠标在绘图窗口中任选一点，确定 A 点的绝对坐标）

指定另一个角点或[面积(A)/尺寸(D)/旋转(R)]：@60,40✓（输入 C 点相对 A 点的直角坐标，同时结束命令，绘出矩形）

（1）在输入另一个角点时，若输入 A，系统提示：

输入以当前单位计算的矩形面积<100.0000>：（输入矩形的面积）

计算矩形标注时依据[长度(L)/宽度(W)]<长度>：（确定矩形的一个主要边）

输入矩形长度<10.0000>：（输入主要边的长度）

这是用矩形的面积和主要边来确定另一角点的坐标。

（2）若输入 D，系统提示：

指定矩形的长度<10.0000>：（输入长度）

指定矩形的宽度<5.0000>：（输入宽度）

这是用矩形的长度和宽度来确定另一角点的坐标。

（3）若输入 R，系统提示：

指定旋转角度或[拾取点(P)]<0>：（输入矩形过第一角点一边与 X 轴的夹角值或用鼠标点取一点，系统自动计算该点与矩形第一角点的连线与 X 轴的夹角值）

指定另一个角点或[面积(A)/尺寸(D)/旋转(R)]：（输入矩形第二个角点）

这样可绘制倾斜矩形。

4．RECTANG 命令各选项含义

● 倒角（C）：该选项用于确定矩形的倒角。执行该选项后，系统提示：

指定矩形的第一个倒角距离(0.0000)：（输入第一个倒角距离）

指定矩形的第二个倒角距离(0.0000)：（输入第二个倒角距离）

● 圆角（F）：该选项用于确定矩形的圆角。执行该选项后，系统提示：

指定矩形的圆角半径(0.0000)：（输入圆角半径）

● 宽度（W）：该选项用于确定矩形的线宽。执行该选项后，系统提示：

指定矩形的线宽(0.0000)：（输入线宽）

● 标高（E）：指定矩形的标高。执行该选项后，系统提示：

指定矩形的标高(0.0000)：

● 厚度（T）：指定矩形的厚度。执行该选项后，系统提示：

指定矩形的厚度(0.0000)：

利用标高（E）和厚度（T）选项可以绘制长方体的三维图形，用标高（E）选项确定长方体底面的 Z 坐标，用厚度（T）选项确定长方体的高度，通过 VPOINT 命令（如输入"1，1，1"）可看到长方体的三维图形。

矩形命令绘制的图形如图 3-13 所示。

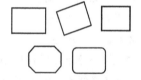

图 3-13　矩形命令绘制的图形

5．说明

（1）绘制一定线宽的矩形要先设置线宽再画矩形，线宽为 0 时，矩形为细实线。

（2）设置的倒角距离要小于矩形的宽度，否则看不到倒角。

（3）圆角半径和倒角距离为 0 时，只能绘制普通直角矩形。

（4）利用矩形命令可绘制构件轮廓线、箍筋、花池等。

6．举例

 任务 3-12 绘制一个标准 A2 图图框。

（1）绘制外框。

单击"绘图"工具栏中的按钮。

启动命令，系统提示：

命令：_rectang

指定第一个角点或[倒角(C)/标高(E)/圆角(F)/厚度(T)/宽度(W)]：（利用鼠标在绘图窗口中任选

一点，确定外框左下角点的绝对坐标）

指定另一个角点或[面积(A)/尺寸(D)/旋转(R)]：@594，420✓（确定图框右上角相对坐标）

（2）绘制内框。

直接回车启动绘制矩形命令

命令：

RECTANG

指定第一个角点或[倒角(C)/标高(E)/圆角(F)/厚度(T)/宽度(W)]：W✓（选择线宽设置）

指定矩形的线宽<0.0000>：1✓（输入线宽值为1）

指定第一个角点或[倒角(C)/标高(E)/圆角(F)/厚度(T)/宽度(W)]：@-10，-10✓（输入内框右上角点相对外框右上角点的相对坐标）

指定另一个角点或[面积(A)/尺寸(D)/旋转(R)]：@-559，-400✓（输入内框左下角点相对内框右上角点的相对坐标，同时回车结束命令）

任务3-13 以1:20比例绘制200×400矩形截面梁剖面轮廓及箍筋，如图3-14所示。

用户在绘图前应确定绘图比例，可按1:1比例绘图，也可按实际比例绘图。AutoCAD规定一个测量单位相当于1mm，若使用1:1比例绘图，最后要将图形缩小成实际比例，但缩放时需要复核尺寸和文本信息的正确性，同时要考虑字符大小的合适度、统一与否。在绘制结构施工图时，由于一张图中存在多个比例图形，建议采用实际比例绘图，这样不容易出错，只是长度需要换算。但建筑施工图一般可按照1:1绘制。

图3-14 绘制梁剖面轮廓及箍筋

（1）绘制梁矩形轮廓。

单击"绘图"工具栏中的▢按钮。

启动命令，系统提示：

命令：_rectang

指定第一个角点或[倒角(C)/标高(E)/圆角(F)/厚度(T)/宽度(W)]：（利用鼠标在绘图窗口中任选一点，确定梁矩形轮廓左下角点的绝对坐标）

指定另一个角点或[面积(A)/尺寸(D)/旋转(R)]：@10，20✓（确定梁矩形轮廓右上角点相对左下角点的相对坐标）

（2）绘制箍筋。

直接回车，继续执行矩形命令。

命令：

RECTANG

指定第一个角点或[倒角(C)/标高(E)/圆角(F)/厚度(T)/宽度(W)]：W✓（选择线宽设置）

指定矩形的线宽<0.0000>：0.5✓（设置线宽为0.5）

指定第一个角点或[倒角(C)/标高(E)/圆角(F)/厚度(T)/宽度(W)]：（利用鼠标选取梁轮廓内左下角一点）

指定另一个角点或[面积(A)/尺寸(D)/旋转(R)]：（移动并单击鼠标选取梁轮廓内右上角一点）

（3）利用PLINE命令绘制箍筋弯钩，详细内容见本章3.5节。

土木工程CAD

3.3.2 正多边形 (POLYGON)

1．功能 绘制边数为 3～1024 的正多边形。

2．执行方式

（1）工具栏：单击"绘图"工具栏中的 ⬡ 按钮。

（2）下拉菜单："绘图"→"正多边形"。

（3）命令行：POLYGON↙。

3．操作过程 利用 POLYGON 命令时，可通过指定正多边形的外接圆或内切圆和边数确定正多边形，或者通过指定其边长和边数确定正多边形。

📝 **任务 3-14** 绘制内切圆直径为 20 的正六边形。如图 3-15a 所示。

启动命令，系统提示：

> **命令：_polygon 输入边的数目<4>：6↙**（输入正多边形的边数）
>
> **指定正多边形的中心点或[边(E)]：**（利用鼠标在绘图窗口中任选一点，确定正六边形的中心点的绝对坐标）
>
> **输入选项 [内接于圆(I)/外切于圆(C)]<I>：C↙**（输入 C，利用外切于圆方式绘制正六边形）
>
> **指定圆的半径：10↙**（输入内切圆的半径值 10，回车结束命令）

若在"指定正多边形的中心点或[边(E)]："提示下，输入 E，则系统提示：

> **指定边的第一个端点：**（利用鼠标在绘图窗口中任选一点，确定正多边形一个边起点的绝对坐标）
>
> **指定边的第二个端点：**（输入该边的终点坐标，回车结束命令）

4．说明

（1）利用外接圆和内切圆绘图时，圆不出现，只显示代表圆半径的线段。

（2）虽然采用相同的半径和边数，但是利用外接圆和内切圆确定的两个正多边形大小不同，如图 3-15b 所示。

（3）利用边长确定正多边形时，正多边形按逆时针方向绘出。

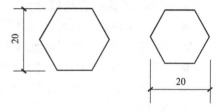

a）利用内切圆   b）利用外接圆

图 3-15 绘制正六边形

5．举例

📝 **任务 3-15** 绘制边长为 50 的正五边形。如图 3-16a 所示。

单击"绘图"工具栏中的 ⬡ 按钮。

启动命令，系统提示：

> **命令：_polygon 输入边的数目<4>：5↙**（输入正五边形的边数）
>
> **指定正多边形的中心点或[边(E)]：E↙**（输入 E，利用确定边长方式绘制正五边形）
>
> **指定边的第一个端点：**（用鼠标在绘图窗口内任选 A 点，确定 A 点的绝对坐标）
>
> **指定边的第二个端点：@50，0↙**（输入相对 A 点的相

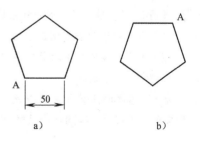

a）   b）

图 3-16 绘制正五边形

对坐标值确定边长，结束命令）

若输入第二个端点的坐标为"@-50，0"，结果将如图 3-16b 所示，说明正多边形绘制方向是按逆时针进行的。

3.4 绘制曲线类对象

3.4.1 圆（CIRCLE）

1．功能　利用多种方法画圆。

2．执行方式

（1）工具栏：单击"绘图"工具栏中的⊙按钮。

（2）下拉菜单："绘图"→"圆"，如图 3-17 所示。

（3）命令行：CIRCLE（C）✓。

3．操作过程

 **任务 3-16**　绘制半径为 10 的圆。

启动命令，系统提示：

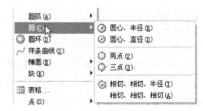

图 3-17　圆的菜单项

> **命令：_circle 指定圆的圆心或[三点(3P)/两点(2P)/相切、相切、半径(T)]：**（利用鼠标在绘图窗口中任选一点作为圆心点）
>
> **指定圆的半径或[直径(D)]：10**✓（输入圆的半径值 10，回车结束命令）

这是利用圆心、半径的方法绘制圆，是圆命令的默认方式。

4．CIRCLE 命令各选项含义

● 三点（3P）：利用三点画圆。输入圆上任意三个点，绘制出圆。

● 两点（2P）：利用两点画圆。输入圆直径的两端点，绘制出圆。

● 相切、相切、半径（T）：绘制与两个对象相切，且半径为给定值的圆。

● 直径（D）：利用圆心、直径画圆。

5．说明

（1）利用下拉菜单方式绘制圆，还可绘制与三个对象相切的圆。

（2）与圆相切的对象可以是直线、圆、圆弧、椭圆等任意图形，选择切点时应打开对象捕捉功能，利用切点捕捉模式。

（3）根据实际情况选择合适的方法绘制圆可大大提高绘图速度。

（4）利用圆命令，可绘制圆形截面构件的轮廓线、轴线号圈、钢筋号圈等。

6．举例

 **任务 3-17**　绘制正方形的外接圆，如图 3-18 所示。

（1）利用矩形命令绘制正方形，步骤略。

（2）单击"绘图"下拉菜单→"圆"→"两点"。

启动命令，系统提示：

图 3-18　正方形的外接圆

> **命令：_circle 指定圆的圆心或[三点(3P)/两点(2P)/相切、相切、半径(T)]：_2p 指定圆直径的第一个端点：**（打开对象捕捉，光标指向正方形的任一角点附近时捕捉该点）

指定圆直径的第二个端点：（光标指向上一点的对角点附近时捕捉该点，结束命令）

 任务3-18 绘制两条直线的公切圆，如图 3-19 所示。

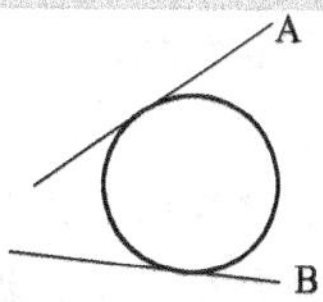

步骤：

（1）绘制直线 A、B，步骤略。

（2）单击"绘图"下拉菜单→"圆"→"相切、相切、半径(T)"。

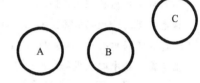

图 3-19 直线的公切圆

命令：_circle 指定圆的圆心或[三点(3P)/两点(2P)/相切、相切、半径(T)]：_ttr

指定对象与圆的第一个切点：（打开对象捕捉，利用切点捕捉选择直线 A 上一点）

指定对象与圆的第二个切点：（打开对象捕捉，利用切点捕捉选择直线 B 上一点）

指定圆的半径<30.0000>：35✓（输入圆的半径值35，回车结束命令）

3.4.2 圆环（DONUT）

1．功能 根据指定的内、外直径绘制圆环。

2．执行方式

（1）工具栏：单击"绘图"工具栏中自定义的◎按钮。

（2）下拉菜单："绘图"→"圆环"。

（3）命令行：DONUT（DO）✓。

3．操作过程

 任务3-19 绘制如图 3-20 所示的圆环。

启动命令，系统提示：

图 3-20 圆环

命令：_donut

指定圆环的内径<0.5000>：10✓（输入内径值10）

指定圆环的外径<1.0000>：12✓（输入外径值12）

指定圆环的中心点或<退出>：（利用鼠标在绘图窗口中任选一点作为 A 点，确定第一个圆环中心点位置，绘出圆环）

指定圆环的中心点或<退出>：@40，0✓（输入 B 点相对 A 点的相对坐标，确定第二个圆环中心点位置，绘出圆环）

指定圆环的中心点或<退出>：@40，10✓（输入 C 点相对 B 点的相对坐标，确定第三个圆环中心点位置，绘出圆环）

指定圆环的中心点或<退出>：（单击鼠标右键结束命令）

4．说明

（1）FILL 命令（填充开关）控制圆环是否填充。

（2）利用圆环命令，可绘制有一定宽度的圆、实心圆，例如圆形箍筋、钢筋的实心点等。

5．举例

 任务3-20 以 1:20 比例绘制直径为 400 的圆柱剖面图，如图 3-21 所示。

（1）绘制柱轮廓。

单击"绘图"工具栏中的◎按钮。

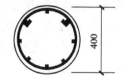

启动命令，系统提示：

图 3-21 圆柱剖面图

命令：_circle 指定圆的圆心或[三点(3P)/两点(2P)/相切、相切、半径(T)]：2P✓（输入 2P，采用两点画圆）

指定圆直径的第一个端点：（利用鼠标在绘图窗口中任选一点作为直径左端点）

指定圆直径的第二个端点：@20，0✓（输入直径右端点相对左端点的相对坐标，结束命令）

（2）绘制箍筋。

单击"绘图"工具栏中的◎按钮。

启动命令，系统提示：

命令：_donut

指定圆环的内径<10.0000>：18✓（输入内径值18）

指定圆环的外径<15.0000>：19✓（输入外径值19）

指定圆环的中心点或<退出>：✓（打开对象捕捉，利用圆心点捕捉圆柱圆心）

指定圆环的中心点或<退出>：✓（回车结束命令）

（3）绘制纵筋（8个实心点）。

单击"绘图"工具栏中的◎按钮。

启动命令，系统提示：

命令：_donut

指定圆环的内径<18.0000>：0✓（输入内径值0）

指定圆环的外径<19.0000>：1✓（输入内径值1）

指定圆环的中心点或<退出>：（关闭对象捕捉，用鼠标点取纵筋位置，连续8次）

指定圆环的中心点或<退出>：✓（回车结束命令）

（4）利用 PLINE 命令绘制箍筋弯钩，步骤略。

3.4.3 圆弧（ARC）

1．功能　用各种方式绘制圆弧。

2．执行方式

（1）工具栏：单击"绘图"工具栏中的⌒按钮。

（2）下拉菜单："绘图"→"圆弧"。

（3）命令行：ARC（A）✓。

3．操作过程

启动命令，系统提示：

命令：_arc 指定圆弧的起点或[圆心(C)]：（输入圆弧起点坐标）

指定圆弧的第二个点或[圆心(C)/端点(E)]：（输入圆弧第二点坐标）

指定圆弧的端点：（输入圆弧终点坐标）

以上为默认方式，即根据起点、第二点和端点绘制圆弧（三点绘制圆弧）。也可根据起点和其他条件绘制圆弧。还可根据圆心、起点和其他条件绘制圆弧。

利用下拉菜单方式将有11种绘制圆弧的方法，如图3-22所示。

4．ARC 子菜单各选项含义

● 三点：圆弧的默认画法，通过指定圆弧上的三点绘制一段圆弧。

图3-22　绘制圆弧的子菜单

● 起点、圆心：先指定圆弧的起始点和圆心，再指定圆弧的终点、弧心角或者弦长绘制一段圆弧。输入的角度值为正时，从起始点开始按逆时针方向绘制圆弧，角度值为负时，从起始点开始按顺时针方向绘制圆弧。输入弦长为正时，绘制小于 180°的圆弧，为负时，绘制大于180°的圆弧，但总是按逆时针绘制。

● 起点、端点：先指定圆弧的起始点和终点，再指定圆弧的弧心角、方向或者半径。输入的角度值为正时，从起始点开始按逆时针方向绘制圆弧，角度值为负时，从起始点开始按顺时针方向绘制圆弧。输入的半径为正时，绘制小于 180°的圆弧，为负时，绘制大于180°的圆弧，但总是按逆时针绘制。

● 圆心、起点：先指定圆弧的圆心和起始点，再指定圆弧的终点，弧心角或者弦长绘制一段圆弧。输入的角度值为正时，从起始点开始按逆时针方向绘制圆弧，角度值为负时，从起始点开始按顺时针方向绘制圆弧。输入弦长为正时，绘制小于 180°的圆弧，为负时，绘制大于180°的圆弧，但总是按逆时针绘制。

● 继续：这也是一个默认选项，用于连续绘制圆弧。当绘制完成一段圆弧或一条直线（多段线）后，执行此选项，即可接着前一段圆弧或直线（多段线）继续绘制圆弧。（注：直线和多段线命令也有此功能，可继续连续绘制直线和多段线。）

在实际绘图中不采用"继续"命令，而是执行 ARC 命令，并在"指定圆弧的起点或[圆心(C)]："提示下，直接回车，即可连续绘制圆弧。

5．说明

（1）绘制圆弧除了要指定圆弧的圆心、半径外，还要指明圆弧的长度，可通过指定圆弧的起始角、终止角、弦长或弦所对应的圆心角完成。

（2）圆弧绘制时有顺时针或逆时针的方向性。

（3）连续绘制圆弧时，是以前一段圆弧（或直线、多段线）的终点作为新绘圆弧的起点，以前一段圆弧终点处的切线方向（或直线、多段线的方向）作为新圆弧在起点处的切线方向。

3.4.4 椭圆（ELLIPSE）

1．**功能**　绘制椭圆或椭圆弧。

2．**执行方式**

（1）工具栏：单击"绘图"工具栏中的 ◯ 按钮。

（2）下拉菜单："绘图"→"椭圆"。

（3）命令行：ELLIPSE（EL）↙。

3．**操作过程**

任务 3-21　绘制长轴与 X 轴呈 30°且长轴为 30，短轴为 20 的椭圆，如图 3-23 所示。

图 3-23　椭圆的绘制

启动命令，系统提示：

命令：_ellipse

指定椭圆的轴端点或[圆弧(A)/中心点(C)]：（利用鼠标在绘图窗口中任选一点作为椭圆长轴的起点）

指定轴的另一个端点：@30<30↙（输入长轴终点相对起点的相对极坐标，确定长轴）

指定另一条半轴长度或[旋转(R)]：10✓（输入短轴的半轴长度，回车结束命令）

这是利用指定椭圆一个轴的两端点和另一轴的半轴长来绘制椭圆。

若输入 R 时，系统提示：

指定绕长轴旋转的角度：（输入一个角度值，回车结束命令）

这是按倾斜某一角度的圆的投影来绘制椭圆，旋转角是圆平面与其投影面之间的夹角，可从0°到89.4°，0°时绘制一个圆，89.4°时绘制一个很扁的椭圆。

4．ELLIPSE 命令各选项含义

● 中心点（C）：利用指定椭圆中心点、一个轴的一个端点和另一轴的半轴长度来绘制椭圆。

● 圆弧（A）：绘制椭圆弧，详见本章3.4.5节。

5．说明

（1）椭圆的绘制有3种方法。

（2）系统变量 PELLIPSE 决定椭圆的类型。当该变量为 0 时，构成椭圆的线段是 UNRBS 曲线；当该变量为1时，构成椭圆的线段是多段线。

3.4.5 椭圆弧（ELLIPSE）

1．功能 绘制椭圆弧。

2．执行方式

（1）工具栏：单击"绘图"工具栏中的按钮。

（2）下拉菜单："绘图"→"椭圆"→"圆弧"。

（3）命令行：ELLIPSE（EL）✓

3．操作过程 椭圆弧的绘制是通过先绘制椭圆，再确定椭圆弧的起始角和终止角或者是确定起始角和夹角完成的。

图3-24 椭圆弧的绘制

任务3-22 绘制如图3-24b所示的椭圆弧AC。

启动命令，系统提示：

命令：_ellipse

指定椭圆的轴端点或[圆弧(A)/中心点(C)]：_a

指定椭圆弧的轴端点或[中心点(C)]：（利用鼠标在绘图窗口中任选一点作为椭圆长轴的起点A）

指定轴的另一个端点：@30,0✓（输入长轴终点B相对A点的相对坐标）

指定另一条半轴长度或[旋转(R)]：10✓（输入短轴半轴长度，绘出椭圆AB，见图3-24a）

指定起始角度或[参数(P)]：0✓（输入起始角度0）

指定终止角度或[参数(P)/包含角度(I)]：200✓（输入终止角度200，回车结束命令）

4．ELLIPSE 命令各选项含义

● 起始角度、终止角度：通过指定椭圆弧的起始点角度和终止点角度确定椭圆弧。

● 参数（P）：表示通过指定一参数（可理解为角度参数）确定椭圆弧的一个端点。

● 包含角度（I）：表示指定椭圆弧所包含的角度。

● 角度（A）：选择参数（P）时会有此选项，它用于切换到利用角度确定椭圆弧的方式。

5．说明

（1）椭圆第一条轴的角度确定了椭圆弧的角度，它既可是椭圆弧的长轴也可是短轴。

（2）椭圆弧的起始点是由椭圆第一条轴的起始点逆时针旋转起始角度得到的。

（3）参数可理解为角度值，它是创建椭圆弧时采用矢量化参数方程式中的矢量参数。

3.4.6 样条曲线（SPLINE）

工程中绘制的曲线有些可以用标准的数学方程进行描述，属于标准曲线，例如圆、圆弧、椭圆和椭圆弧，而有些只能通过拟合一些给定的数据点来绘制光滑曲线，后者称为样条曲线。利用它可以绘制等高线、实验结果曲线和其他一些自由曲线等。

1．**功能**　绘制样条曲线或将多段线的拟合样条曲线转换为样条曲线。

2．**执行方式**

（1）工具栏：单击"绘图"工具栏中的～按钮。

（2）下拉菜单："绘图"→"样条曲线"。

（3）命令行：SPLINE↙。

3．**操作过程**

单击"绘图"工具栏中的～按钮。

启动命令，系统提示：

> **命令：_spline**
>
> **指定第一个点或[对象(O)]：**（用鼠标或键盘输入样条曲线的第一点）
>
> **指定下一点：**（同样方法输入第二点）
>
> **指定下一点或[闭合(C)/拟合公差(F)]<起点切向>：**（继续输入下一点）
>
> **指定下一点或[闭合(C)/拟合公差(F)]<起点切向>：**（不想继续输入时，单击鼠标右键，结束下一点输入）

系统继续提示：

> **指定起点切向：**（利用鼠标或键盘输入一点，此点与样条曲线起点的连线表示输入的起点切向）

这是系统要求用户确定样条曲线在起点处的切线方向，最终确定样条曲线在起点处的形状。系统采用了当前点与起点之间显示的一条橡皮筋来直观动态地表示样条曲线在起点处的切线方向。

系统继续提示：

> **指定端点切向：**（输入终点切向，方法同起点切向，结束命令）

4．**SPLINE 命令各选项含义**

● 闭合（C）：使样条曲线的终点和起点相连，形成光滑的闭合样条曲线。

● 拟合公差（F）：根据给定的拟合公差绘制样条曲线。

拟合公差是指样条曲线与输入点之间所允许的最大偏移距离。当拟合公差为 0 时，样条曲线通过输入的各数据点，当拟合公差大于 0 时，样条曲线不通过输入的数据点，数据点到曲线的距离在公差之内。如图 3-25 所示是拟合公差分别为 0 和 10 拟合同一组数据点的两条不同的样条曲线。

● 对象（O）：将多段线利用 PEDIT 命令拟合的样条曲线转换为样条曲线，转换后的样条

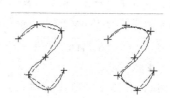

a）拟合公差为 0　　b）拟合公差为 10

图 3-25　拟合公差分别为 0 和 10 的样条曲线

曲线可使用 SPLINEDIT 命令进行编辑。

5. 说明

（1）样条曲线是通过各数据点绘制而成，而不像多段线的拟合样条曲线是用逼近多段线的方法产生的。

（2）利用系统变量 SPLFRAME 可控制绘制样条曲线时是否显示样条曲线的线框。当该变量值为 1 时，则显示样条曲线的线框。

（3）拟合公差不能小于 0。

3.5 绘制多段线和多线

3.5.1 多段线（PLINE）

1. 功能　可连续绘制宽度相同、不同或变宽度的直线段、弧线段或两者的组合线段，如图 3-26 所示。

2. 执行方式

（1）工具栏：单击"绘图"工具栏中的 ⏝ 按钮。

（2）下拉菜单："绘图" → "多段线"。

图 3-26　多段线绘制的图形

（3）命令行：PLINE（PL）↙。

3. 操作过程

启动命令，系统提示：

> 命令：_pline
> 指定起点：（单击鼠标左键或从键盘输入起点的坐标，指定起点）
> 当前线宽为 0.0000（此宽度将对多段线的所有线段起作用，直到用户重新指定线宽为止）
> 指定下一个点或[圆弧(A)/半宽(H)/长度(L)/放弃(U)/宽度(W)]：（输入起点）
> 指定下一点或[圆弧(A)/闭合(C)/半宽(H)/长度(L)/放弃(U)/宽度(W)]：（输入下一点）
> 指定下一点或[圆弧(A)/闭合(C)/半宽(H)/长度(L)/放弃(U)/宽度(W)]：（单击鼠标右键结束命令）

可以看出，执行 PLINE 命令，如果只进行"指定下一点"默认选项，过程和 LINE 命令相同。

4. PLINE 命令各选项含义

● 圆弧（A）：使 PLINE 命令由画直线方式变为画圆弧方式，并给出画圆弧的提示。

● 闭合（C）：从绘图的当前点以当前宽度到多段线的起点画直线，形成封闭的多段线，并结束 PLINE 命令。

● 半宽（H）：确定多段线的半宽度。执行该选项后，系统提示：

> 指定起点半宽<0.0000>：（输入半宽值）
> 指定端点半宽<0.0000>：（输入半宽值）
> 指定下一个点或[圆弧(A)/半宽(H)/长度(L)/放弃(U)/宽度(W)]：（输入点，可按输入的宽度值绘制一定宽度的线段）

如果不改变线宽值继续输入点，绘出的后续线段宽度将取此处端点的设置宽度值。

● 长度（L）：如果前一线段是直线，则沿该直线方向绘制指定长度的直线段。如果前一线段是圆弧，则沿该圆弧的切线方向绘制指定长度的直线段。

土木工程 CAD

执行该选项后，系统提示：

指定直线的长度：（输入长度）

在线段长度输入时，可直接输入具体数值，也可用鼠标任意选取一点，系统将自动计算该点到此段线段起点之间的距离，并将此距离作为线段的长度。

● 放弃（U）：删除多段线中刚画的直线段（或圆弧段），退回到上一步。

● 宽度（W）：用于确定多段线的宽度，操作方法同半宽选项。

5．多段线的特点

（1）由直线段和圆弧段组成的多段线是一个整体对象，可以用分解命令（EXPLODE）将其分解成若干独立的对象。

（2）具有精确的线宽，并且每段线段的起点和终点宽度可以不同，可绘制变宽度直线或曲线。

（3）具有自己的编辑命令（PEDIT）。

6．说明

（1）实际绘图时，经常利用多段线命令绘制一定宽度的线。例如，施工图中，钢筋的线型为粗实线，当出图比例为1:1时，多段线的线宽可设定为0.5。也可利用设置图形对象线宽属性，使用直线、圆等命令绘图。

（2）多段线是否填充受到 FILL 命令（填充开关）的控制，当 FILL 处于 ON 时，多段线填充，为实心；当 FILL 处于 OFF 时，多段线不填充，为空心。执行 FILL 命令后再执行 REGEN 命令可以看到填充结果（受 FILL 命令控制的还有矩形、圆环命令）。

（3）利用多段线命令可以绘制钢筋、箍筋弯钩和箭头等。

7．举例

 任务 3-23 绘制线宽为 1、长度为 10 的竖直线。

单击"绘图"工具栏中的 ⊃ 按钮。

启动命令，系统提示：

命令：_pline
指定起点：（利用鼠标在绘图窗口中任选一点，确定直线起点的绝对坐标）
当前线宽为 40.0000
指定下一个点或[圆弧(A)/半宽(H)/长度(L)/放弃(U)/宽度(W)]：W↙（输入 W，选择线宽设置）
指定起点宽度<40.0000>：1↙（输入起点宽度值 1）
指定端点宽度<1.0000>：1↙（输入终点宽度值 1）
指定下一个点或[圆弧(A)/半宽(H)/长度(L)/放弃(U)/宽度(W)]：@0,10↙（输入直线终点相对起点的相对坐标）
指定下一点或[圆弧(A)/闭合(C)/半宽(H)/长度(L)/放弃(U)/宽度(W)]：（单击鼠标右键结束命令）

 任务 3-24 绘制带箭头的水平直线，如图 3-27 所示。

（1）绘制直线（使用 LINE、PLINE 命令均可），步骤略。

图 3-27　箭头的绘制

（2）绘制箭头。

单击"绘图"工具栏中的 ⊃ 按钮。

启动命令，系统提示：

命令：_pline

指定起点：（打开对象捕捉，用鼠标选取直线右端点）

当前线宽为 22.7502

指定下一个点或[圆弧(A)/半宽(H)/长度(L)/放弃(U)/宽度(W)]：W✓（输入 W，选择线宽设置）

指定起点宽度<22.7502>：0✓（输入起点宽度值 0）

指定端点宽度<0.0000>：20✓（输入终点宽度值 20）

指定下一个点或[圆弧(A)/半宽(H)/长度(L)/放弃(U)/宽度(W)]：（关闭对象捕捉，打开正交，水平向左移动鼠标选取箭头第二点，目测箭头长度达到要求即可确定第二点）

指定下一点或[圆弧(A)/闭合(C)/半宽(H)/长度(L)/放弃(U)/宽度(W)]：（单击鼠标右键结束命令）

任务 3-25 绘制带弯钩的纵筋，如图 3-28 所示。

单击"绘图"工具栏中的 按钮。

图 3-28　纵筋的绘制

启动命令，系统提示：

命令：_pline

指定起点：（单击鼠标任选一点，确定起始点的绝对坐标）

当前线宽为 5.0000

指定下一个点或[圆弧(A)/半宽(H)/长度(L)/放弃(U)/宽度(W)]：W✓（选择线宽设置）

指定起点宽度<5.0000>：0.5✓（输入起点宽度值 0.5）

指定端点宽度<0.5000>：0.5✓（输入终点宽度值 0.5，若用尖括号中默认值可直接回车）

指定下一个点或[圆弧(A)/半宽(H)/长度(L)/放弃(U)/宽度(W)]：（打开正交，向左移动鼠标用光标选取左端弯钩平直段左端点）

指定下一点或[圆弧(A)/闭合(C)/半宽(H)/长度(L)/放弃(U)/宽度(W)]：A✓（输入 A，改绘制直线为曲线）

指定圆弧的端点或[角度(A)/圆心(CE)/闭合(CL)/方向(D)/半宽(H)/直线(L)/半径(R)/第二个点(S)/放弃(U)/宽度(W)]：（向下移动鼠标用光标选取弯钩下端点）

指定圆弧的端点或[角度(A)/圆心(CE)/闭合(CL)/方向(D)/半宽(H)/直线(L)/半径(R)/第二个点(S)/放弃(U)/宽度(W)]：L✓（输入 L，改绘制曲线为直线）

指定下一点或[圆弧(A)/闭合(C)/半宽(H)/长度(L)/放弃(U)/宽度(W)]：（继续向右移动鼠标用光标选取右端弯钩右下端点）

指定下一点或[圆弧(A)/闭合(C)/半宽(H)/长度(L)/放弃(U)/宽度(W)]：A✓（输入 A，改绘制直线为曲线）

指定圆弧的端点或[角度(A)/圆心(CE)/闭合(CL)/方向(D)/半宽(H)/直线(L)/半径(R)/第二个点(S)/放弃(U)/宽度(W)]：（向上移动鼠标用光标选取弯钩右上端点）

指定圆弧的端点或[角度(A)/圆心(CE)/闭合(CL)/方向(D)/半宽(H)/直线(L)/半径(R)/第二个点(S)/放弃(U)/宽度(W)]：L✓（输入 L，改绘制曲线为直线）

指定下一点或[圆弧(A)/闭合(C)/半宽(H)/长度(L)/放弃(U)/宽度(W)]：（水平向左移动鼠标用光标选取右端弯钩平直段左端点）

指定下一点或[圆弧(A)/闭合(C)/半宽(H)/长度(L)/放弃(U)/宽度(W)]：（单击鼠标右键结束命令）

提示 -

1. 确定箭头的端点宽度，也可在"指定端点宽度"提示下用鼠标任意选取一点，系统会自动计算该点与起点之间的距离，并将此距离作为箭头端点宽度，这种方法在不需精确给出箭头端点宽度时，非常便捷，用眼睛目测，达到精度即可。

2. 当线段长度没有精确值时，可利用光标直接在绘图窗口中确定线段起点和终点的绝对坐标。

3.5.2 多线（MLINE）

多线也称多重线或复合线，是由多条平行线组成的图形对象，组成多线的平行线称为元素，每个元素的线型、颜色可以不同，它们的位置由其到多线中心线的偏移距离来确定，连续绘制的多线是一个独立的对象。

1．功能 按指定的多线样式绘制多线。

2．执行方式

（1）下拉菜单："绘图"→"多线"。

（2）命令行：MLINE（ML）✓。

3．操作过程

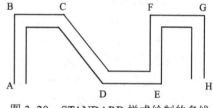

图 3-29 STANDARD 样式绘制的多线

任务 3-26 绘制如图 3-29 所示的连续多线。

启动命令，系统提示：

> **命令：** _mline
> **当前设置：对正=上，比例=20.00，样式= STANDARD**
> **指定起点或[对正(J)/比例(S)/样式(ST)]：**（利用鼠标在绘图窗口中任选一点作为多线的起始点 A）
> **指定下一点：<正交开>**（用鼠标捕捉 B 点）
> **指定下一点或[放弃(U)]：**（分别用鼠标捕捉 C、D、E、F、G、H 点）
> **指定下一点或[闭合(C)/放弃(U)]：**（单击鼠标右键结束命令）

这是按系统当前设置的多线样式、对正方式及比例连续绘制多线。图 3-29 所示为利用 STANDARD 样式绘制的多线。

4．MLINE 命令各选项含义

● 对正（J）：确定多线的元素与指定点间的对正方式。

AutoCAD 规定了 3 种对正方式，执行该选项后，系统提示：

> **输入对正类型[上(T)/无(Z)/下(B)]<上>：**

■ 上（T）：表示多线的顶线将随同光标移动。

■ 无（Z）：表示多线的中心线将随同光标移动。

■ 下（B）：表示多线的底线将随同光标移动。

系统默认的对正方式是"上"对正。

● 比例（S）：确定绘制的多线相对于定义的多线的比例系数。

每一种多线样式在定义时，各条平行线到多线中心线的偏移量是确定不变的，这个长度未必满足实际绘图的需要，这时可以利用比例系数进行调整。系统默认的比例是"20"。

● 样式（ST）：选择绘制多线所使用的多线式样。

执行该选项后，系统提示：

输入多线样式名或[?]：（输入即将使用且已经定义的多线样式名称）

输入[?]，可显示本张图形文件已经定义的各种
多线样式，系统默认的多线样式是 STANDARD 样
式，从图 3-30 中可以看出，STANDARD 样式的多
线是由两条平行线组成，其间距为 1。

● 闭合（C）：可使已绘出两段以上的多线封
闭并结束命令。

● 放弃（U）：取消刚绘制的一段多线。连续
执行，可连续取消相应的线段。

5．**多线样式的设置**　多线是由多条平行线组
成，平行线的数量最少 2 条，最多 16 条，用户可以
根据绘图的需要来定义各种样式的多线。定义的内
容包括指定平行线的数量，平行线到多线中心的偏
移距离、颜色、线型等元素特性。

图 3-30　"多线样式"对话框

（1）多线样式定义的执行方法：

1）下拉菜单："格式"→"多线样式"。

2）命令行：MLSTYLE✓。

（2）"多线样式"对话框各项的含义。执行命令后，屏幕会出现定义多线样式的对话
框，如图 3-30 所示。

● "当前多线样式"：显示设置为当前样式的多线样式名称。

● "样式"区域：显示当前已定义的多线样式名称。

● "预览"区域：显示被选中多线样式的形式。

● "说明"区域：显示被选中多线样式的简短说明。

● "置为当前"按钮：设置某种多线样式为当前样式。

当用户打开一张新的图形文件时，由于系统只有一种 STANDARD 样式，故自动将其
默认为当前多线样式。此时，"置为当前"按钮为灰亮度显示，不激活。当有两种以上可
供选择的多线样式时，此按钮被激活，单击此按钮即可将某种多线设置为当前样式，并在
"当前多线样式"中显示其名称。

🖙 **提示**---

> 绘图时只能用当前多线样式绘制多线。

● "新建"按钮：创建新的多线样式。

单击此按钮后，弹出"创建新的多线样式"对
话框，如图 3-31 所示。首先要为新样式命名，输
入新样式名称，例如输入"1"，这时可以在"基
础样式"下拉列表中选择新多线样式的基础形式，
然后单击"继续"按钮。屏幕弹出"新建

图 3-31　"创建新的多线样式"对话框

土木工程 CAD

多线样式"对话框，如图 3-32 所示，对新建样式进行多线元素各项内容定义。

● "修改"按钮：修改已定义的多线样式。

首先用鼠标在"样式"区域选取要修改的多线样式（选中的样式变蓝），然后单击此按钮，屏幕弹出"修改多线样式"对话框（同"新建多线样式"对话框），对元素的相应内容进行修改。

● "重命名"按钮：对已定义的多线样式改名。

图 3-32 "新建多线样式"对话框

● "删除"按钮：删除已定义的且未使用过的多线样式。

● "加载"按钮：从多线样式库文件中装入一种多线样式，AutoCAD 默认的多线样式库文件是"acad.mln"。

● "保存"按钮：将新建的多线样式保存到指定的多线样式库文件中。AutoCAD 默认的多线样式库文件是"acad.mln"，用户也可建立自己的多线样式库文件，方法是单击"保存"按钮，弹出"保存多线样式"对话框，在"文件名"中输入自己定义的多线样式库文件名称，单击"保存"即可。

（3）"新建多线样式"对话框各项的含义。"新建多线样式"对话框如图 3-32 所示。

● "说明"文本框：输入新定义的多线样式的简短说明。

● "图元"列表：列出所有元素的偏移量、颜色和线型。多线的线宽为顶线和底线的偏移量之差。

● "添加"按钮：添加一个新的元素到"图元"列表框中。新元素的偏移量为"0"，颜色和线型均为"ByLayer（随层）"。

● "删除"按钮：删除"图元"列表框中指定的元素。多线元素为一条时，不能再进行删除。

● "偏移"文本框：设置指定元素的偏移量。偏移量为正时，元素位于多线中心线（零位线）的上方，偏移量为负时，元素位于多线中心线的下方。

● "颜色"下拉列表：利用列表中的颜色设置指定元素的颜色。

● "线型"按钮：利用"选择线型"对话框设置指定元素的线型。

"封口"选项组：确定多线起点和端点的封闭形式。勾选复选框时为封闭，不勾选复选框时为敞开。

● "直线"复选框：表示用直线封闭，如图 3-33a 所示。

● "外弧"复选框：表示在多线的顶线和底线之间用半圆封闭，如图 3-33b 所示。

● "内弧"复选框：表示在多线的内部元素之间用半圆封闭。

● "角度"文本框：确定封闭时的角度。默认角度为 90°，直线封闭时直线与元素垂直，圆弧封闭时圆弧与元素相切。当采用其他角度时，封闭端倾斜。

- "填充颜色"下拉列表：确定是否在多线上填充颜色，并利用下拉列表中的颜色填充。
- "显示连接"复选框：用于确定绘制多线时是否在多线的顶点处显示记号。该复选框默认为不勾选状态，勾选后绘制的多线在顶点处显示标记，如图 3-33c 所示。

a）用直线封闭 b）用圆弧封闭 c）显示顶点标记

图 3-33 多线的封口和显示连接

6．说明

（1）绘制多线只能用当前多线样式，根据需要调整比例系数。

（2）STANDARD 多线样式和在绘图中已经使用并未删除的多线样式不能被删除和修改。

（3）绘出的多线可用 MLEDIT 命令进行编辑。

7．举例

任务 3-27 以 1:100 比例绘制某砌体平面图的局部，如图 3-34 所示。

（1）定义多线样式。

单击"格式"下拉菜单→"多线样式"。

在弹出的"多线样式"对话框选择"新建"按钮，弹出"创建新的多线样式"对话框，输入样式名称为"WALL1"，单击"继续"按钮，将多线样式的各元素定义成如图 3-35 所示的内容（其中"zx"线型为点画线线型），并将"WALL1"设置为当前样式。

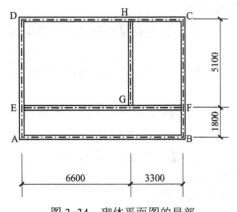

图 3-34 砌体平面图的局部

图 3-35 砌体多线样式的定义

（2）绘制平面图。

执行多线命令。

命令：ML↙（输入 ML，启动多线命令）

MLINE

当前设置：对正=上，比例=20.00，样式=WALL1

指定起点或[对正(J)/比例(S)/样式(ST)]：S↙（输入 S，设置多线比例）

输入多线比例<20.00>：2✓（输入多线比例值 2）

当前设置：对正=上，比例=2.00，样式=WALL1

指定起点或[对正(J)/比例(S)/样式(ST)]：（利用鼠标在绘图窗口中任选一点作为多线的起始点 A，见图 3-34）

指定下一点：@99,0✓（输入 B 点相对 A 点的相对坐标）

指定下一点或[放弃(U)]：@0,69✓（输入 C 点相对 B 点的相对坐标）

指定下一点或[闭合(C)/放弃(U)]：@-99,0✓（输入 D 点相对 C 点的相对坐标）

指定下一点或[闭合(C)/放弃(U)]：C✓（输入 C，连续多线闭合，结束命令）

命令：ML✓（输入 ML，启动多线命令）

MLINE

当前设置：对正=上，比例=2.00，样式=WALL1

指定起点或[对正(J)/比例(S)/样式(ST)]：@0,-51✓（输入 E 点相对 D 点的相对坐标）

指定下一点：@99,0✓（输入 F 点相对 E 点的相对坐标）

指定下一点或[放弃(U)]：✓（回车或单击鼠标右键结束命令）

命令：ML✓（输入 ML，启动多线命令）

MLINE

当前设置：对正=上，比例=2.00，样式=WALL1

指定起点或[对正(J)/比例(S)/样式(ST)]：@-33,0✓（输入 G 点相对 F 点的相对坐标）

指定下一点：@0,51✓（输入 H 点相对 G 点的相对坐标）

指定下一点或[放弃(U)]：✓（回车或单击鼠标右键结束命令）

3.6 填充图案

3.6.1 图案填充（BHATCH）

在施工图绘制时，比如剖面图中，常常要将表示某种材料的规定图例画在一个封闭的图形区域内，这个过程称为图案填充，如图 3-36 所示。

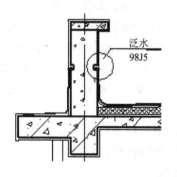 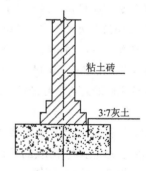

图 3-36　图案填充

1．**功能**　在指定的封闭区域内填充指定的图案或渐变色。

2．**执行方式**

（1）工具栏：单击"绘图"工具栏中的 按钮。

（2）下拉菜单："绘图"→"图案填充"。

（3）命令行：BHATCH（H）✓。

3．操作过程

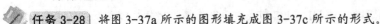 任务 3-28　将图 3-37a 所示的图形填充成图 3-37c 所示的形式。

启动图案填充命令，弹出"图案填充和渐变色"对话框，如图 3-38a。

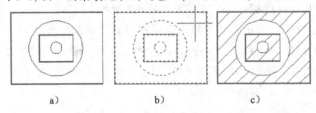

图 3-37　图案填充过程一

图 3-38　"图案填充和渐变色"对话框

单击"图案"项右的按钮，弹出"填充图案选项板"对话框，如图 3-39 所示，单击"ANSI"选项卡，选择"ANSI31"填充图案，单击"确定"，返回至"图案填充和渐变色"对话框，将"比例"改为"2"，单击"添加：拾取点"按钮，回到绘图窗口，选取最外侧矩形内部一点，如图 3-38b 所示，全部图形以高亮度显示，此时，命令行提示"拾取内部点或 [选择对象(S)/删除边界(B)]："，回车返回"图案填充和渐变色"对话框，如图 3-38b 所示，单击"确定"，完成填充过程。

4．说明

（1）图案填充需要确定两个重要条件，一是封闭的填充边界，二是填充图案。

（2）填充前首先选择好相应的图层、颜色等环境特性后再进行填充。

（3）填充后填充图案可以进行删除、复制等编辑处理。

3.6.2　填充图案的确定

"图案填充和渐变色"对话框（图 3-38）中，"类型和图案"选项组、"角度和比例"选项组及"图案填充原点"选项组用于确定填充图案。

1．"类型和图案"选项组　"类型"下拉列表中有 3 种图案类型：预定义、用户定义和自定义。

● 预定义类型：是 AutoCAD 标准图案文件（ACADISO．PAT）中自带的填充图案。单击"图案"项右侧按钮，弹出"填充图案选项板"对话框，如图 3-39 所示，用户可从"ANSI""ISO""其他预定义""自定义" 4 个选项卡中选择所需的图案。

● 用户定义类型：只有两种填充图案，如图 3-40 中样例所示。当不勾选"角度和比例"区的"双向"复选框，填充图案为平行线，如图 3-40a 所示。勾选"双向"复选框，填充图案为相互垂直的平行线，如图 3-40b 所示，间距由用户确定。

● 自定义类型：用户自己定义填充图案。

a)   b)

图 3-39 "图案填充选项板"对话框   图 3-40 用户定义类型填充图案

2．"角度和比例"选项组 "角度"用于确定填充图案时的旋转角度，默认为"0"。"比例"用于确定填充图案时的比例值，默认为"1"。

提示
> 1. 使用预定义类型填充图案时，"比例"选项被激活。填充图案的比例很重要，过大时无法填充，过小时填充效果不理想。
> 2. 使用用户定义类型填充图案时，"双向"和"间距"选项被激活，用户可进行选择。

3．"图案填充原点"选项组 用于改变填充图案在填充区域内的位置，以达到理想效果。如图 3-41 所示，当填充角度和比例相同时，图 3-41a 所示为选择"使用当前原点"选项时的结果，图 3-41b 所示为选择"指定的原点——默认为边界范围（左下）"选项时的结果。

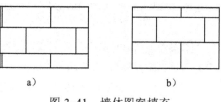

a)   b)

图 3-41 墙体图案填充

3.6.3 填充边界的确定

图案填充要在一定的区域内进行，构成填充区域的曲线称为填充边界。填充边界一般是封闭的直线或曲线，可以是直线、构造线、射线、多段线、样条曲线、圆弧、圆、椭圆、面域等对象以及由它们形成的图块，如图 3-42 所示。如果填充边界是由一定宽度的曲线形成，则系统将以曲线的中心线作为边界。

图案填充时，把填充边界内部（填充区域）的封闭区域称为孤岛（图 3-43），孤岛内部的封闭区域仍是孤岛，即孤岛可以嵌套，如图 3-43 中的两个圆和小矩形区域。

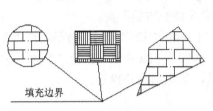

图 3-42　填充边界

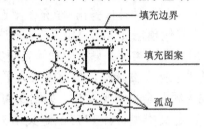

图 3-43　孤岛

AutoCAD 对孤岛的检测方式有 3 种，如图 3-44 所示。

● 普通孤岛检测：采用此方式时填充图案从填充边界向内填充，当遇到填充区域内第一个封闭图形（孤岛）边界时，终止填充直到遇到第二个封闭图形（孤岛）边界时继续填充，如此往复交替。即图案从填充边界向里的奇数次相交区域被填充，偶数次相交区域不填充。

● 外部孤岛检测：采用此方式时图案从填充边界开始填充，遇到填充区域内部第一个封闭图形（孤岛）边界后停止填充。

● 忽略孤岛检测：采用此方式时忽略填充边界内部的所有对象，图案填充边界内部的所有区域。

孤岛检测方式可以进行选择，在前述任务 3-25 操作实例中，单击"添加：拾取点"按钮，选择最外矩形内部一点，图形以高亮度显示后，单击鼠标右键，出现图 3-45 所示快捷菜单，选择所需的孤岛检测方式即可。

a）普通孤岛检测　　b）外部孤岛检测　　c）忽略孤岛检测

图 3-44　孤岛检测方式

图 3-45　孤岛检测快捷菜单

"图案填充和渐变色"对话框（图 3-38）中，"边界"选项组用于确定填充边界，"选项"选项组用于确定图案填充特性。

1．"边界"选项组　"边界"选项组中有 5 个分项按钮，未确定填充边界时后 3 项不被激活。

● "添加：拾取点"按钮：用拾取点的方式确定填充边界。用户只要选取填充边界内部任意一点，系统将从这点开始向外寻找距离它最近的封闭图形，将其作为填充边界。选取后填充边界及内部的所有封闭图形都以高亮度显示。此时计算机将边界内部以高亮度显示的封闭图形都认为是孤岛，用户可利用"删除边界"按钮或命令提示中"[选择对象(S)/删除边界(B)]："来进行孤岛的删除和再选取。

● "添加：选择对象"按钮：用选择对象的方式确定填充边界。用户直接选择封闭图形作为填充边界，如果边界内部存在其他封闭图形，只有继续选择后，计算机才以孤岛对待，选取的孤岛同样可以再次被删除或选取。

- "删除边界"按钮：删除已选择的填充边界或孤岛。
- "查看选择集"按钮：回到绘图窗口显示已确定的边界。

☞ 提示 --

1. 用户可用"拾取点"或"选择对象"两种方法之一确定填充边界。
2. 一次填充命令可以选择多个封闭图形作为填充边界，同时填充。

2. "选项"选项组

- "关联"复选框：用来确定填充图案和边界的关系。启用时，若边界形状变化，图案跟随变化，否则，图案不随之变化，如图 3-46 所示。

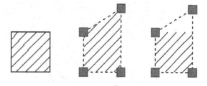

a）填充结果　　b）关联填充　　c）非关联填充

图 3-46　关联与非关联图案填充

- "创建独立的图案填充"复选框：启用时，对多个同时填充的边界区域，填充图案是一个整体对象，否则，每个边界区域内部的图案各自独立。
- "绘图次序"下拉列表：为图案填充指定绘图次序。图案填充可以放在所有其他对象之后、所有其他对象之前、图案填充边界之后或图案填充边界之前。
- "继承特性"按钮：将绘图窗口已填充的某种填充图案样式定为当前填充图案，不需要再从图案填充管理器中选取，操作更为方便。

☞ 提示 --

对于非关联填充后的图案无法使用"继承特性"。

3.6.4　举例

任务 3-29　利用"拾取点"方法完成如图 3-47c 所示的填充结果。

（1）首先绘制图 3-47a 所示的图形，步骤略。

（2）执行图案填充命令。设置"图案填充和渐变色"对话框内容，如图 3-38b 所示，单击"添加：拾取点"按钮，返回绘图窗口，选取矩形和三角形之间任意一点，再选取两圆之间任意一点，此时图形均已高亮度显示，如图 3-47b 所示，表明矩形和大圆成为两个填充边界，三角形和小圆为各自边界内部的孤岛。单击鼠标右键，出现图 3-45 所示的快捷菜单，选择"普通孤岛检测"，单击"确定"，返回"图案填充和渐变色"对话框，单击"确定"按钮，结束填充。

a）要填充的对象　　　　b）选取边界　　　　c）填充结果

图 3-47　图案填充过程二

任务 3-30　利用"选择对象"方法完成如图 3-47c 所示的填充结果。

（1）首先绘制图 3-47a 所示的图形，步骤略。

（2）执行图案填充命令。设置"图案填充和渐变色"对话框内容，如图 3-38b 所示，勾选"创建独立的图案填充"复选框，单击"添加：选择对象"按钮，返回绘图窗口，选取矩形和大圆（若不继续选取三角形和小圆，则计算机不认为其为孤岛，填充结果如图 3-48 所示），再选取三角形和小圆，此时图形才全部以高亮度显示，后续过程同任务 3-26。

📖 提示

1. 两个任务中对比了是否使用"创建独立的图案填充"的结果。任务 3-26 中没有使用，两个填充图案是一个整体对象，如图 3-49a 所示；任务 3-27 中使用，两个填充图案各自独立，如图 3-49b 所示。

2. 灵活使用"拾取点"和"选择对象"方法确定填充边界，并进行孤岛处理。

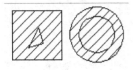

图 3-48　忽略孤岛的填充

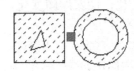
a)　　　　　　　　　　b)

图 3-49　填充图案的独立性

上 机 练 习

练习 3-1　运用所学命令绘制下列图 3-50 所示的图形。

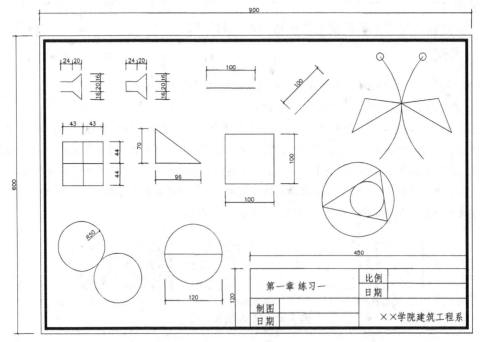

图 3-50　练习 3-1

练习 3-2 运用所学命令绘制并填充下列图 3-51 所示的图形。

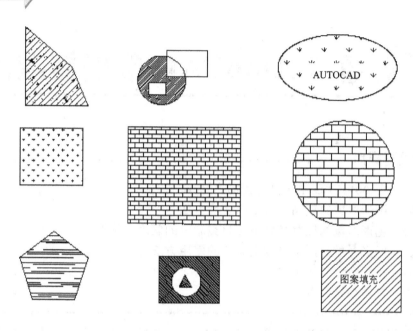

图 3-51 练习 3-2

 练习 3-3 绘制附录 A 某砖混结构建筑施工图中的平面图。

提示：利用直线、多线、圆、矩形等命令绘制轴线、墙线、轴线号、家具等。注意绘图比例。

第4章 | AutoCAD 常用修改命令

学习要点 ··

- 在 AutoCAD 中选择对象的方法
- 图形对象的复制类命令的使用方法
- 图形对象的位置和大小变化类命令的使用方法
- 图形对象的形状修改类命令的使用方法
- 分解命令的使用方法
- 其他编辑命令

··

绘制一个图形，不管它简单还是复杂，如果完全按照画图的理念，使用绘图命令一笔一画地绘制完成，是非常笨拙的方法，不仅达不到绘图的精度，而且浪费很多宝贵的时间。AutoCAD 提供了丰富的图形编辑修改功能，包括图形的几何变换、复制、删除及修改等。恰当地利用绘图和修改命令相结合来完成图形的绘制，是一种便捷而精确的绘图方法。本章将系统介绍 AutoCAD 的修改命令。

绘图时，执行修改命令最常使用的方法是利用"修改"下拉菜单、"修改"工具栏（图4-1）或者在命令行中输入命令名称。

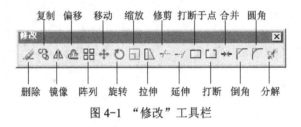

图 4-1 "修改"工具栏

4.1 图形对象的选择

对图形中的对象进行编辑时，首先要确定被编辑的对象，即选择对象，所有被选择的对象构成一个集合，称为选择集。选择编辑对象的过程称为构造选择集。AutoCAD 提供了多种选择对象的方法，为了区别其他对象，被选中的图形对象以高亮度虚线显示。

4.1.1 选择对象的方法

详见第 2 章 2.4 节"对象选择"。

4.1.2 快速选择

AutoCAD 提供了快速选择的功能，可以根据图形对象共有特性或对象类型（也称过滤条件）来快速构造选择集，选择集中可以包括符合过滤条件的所有对象，或者包括除符合过滤条件以外的所有对象。

1．执行方式

（1）下拉菜单："工具"→"快速选择…"。

（2）命令行：QSELECT✓。

2．"快速选择"对话框各项的含义 启动命令，弹出"快速选择"对话框，如图 4-2 所示，其含义如下：

● "应用到"下拉列表：要求用户指定将过滤条件是应用到整个图形还是当前选择集。

如果用户在启动该对话框前没有选择对象，则"整个图形"为默认值，即在当前图形中搜索符合过滤条件的对象；如果用户在启动该对话框前选择了一个或多个对象，形成了当前选择集，则"当前选择"为默认值，即在当前选择集的对象中搜索符合条件的对象。

● "选择对象"按钮：用于临时关闭"快速选择"对话框，在命令行"选择对象"提示下，光标变成拾取框在绘图窗口中选择对象，回车或单击鼠标右键可返回"快速选择"对话框。此时，由于已经进行了对象选择，所以在"应用到"下拉列表中，"当前选择"成为设置值。

图 4-2 "快速选择"对话框

> 💡提示---
> 只有在"如何应用"选项组选择了"包括在新选择集中"单选框时，"选择对象"按钮才可以使用。

● "对象类型"下拉列表：指定过滤的对象类型。其默认值为"所有图元"，如果没有选择过对象，不存在选择集，下拉列表中将包括 AutoCAD 中的所有可用对象类型。如果存在选择集，下拉列表中只显示选定对象的类型。

● "特性"列表：指定要过滤对象的特性。列表中给出了选定对象类型的所有特性，并且选定的特性将确定"运算符"和"值"下拉列表中的可用选项。

> 💡提示---
> 对象的某个特性如果设置是"ByLayer"（随层），例如某一对象的颜色特性为"ByLayer"（随层），则不能作为过滤条件，而应按"图层"进行快速选择。

● "运算符"下拉列表：根据选定的特性指定过滤条件的范围。运算符的含义为：

■ 等于（=）：选择集对象的特性值必须与用户设定的特性值相同。

■ 不等于（<>）：选择集对象的特性值必须与用户设定的特性值不同。

■ 大于（>）：选择集对象的特性值必须比用户设定的特性值大。

■ 小于（<）：选择集对象的特性值必须比用户设定的特性值小。

> 💡提示---
> 对有些特性，"大于"和"小于"选项不能使用。

● "值"下拉列表：指定过滤条件的特性值。当选定对象有特性值时，则"值"成为一个列表，从中选择某个值。否则，需要用户输入一个值。

● "如何应用"选项组：指定是将符合给定过滤条件的所有对象包括在新选择集中还是排除在新选择集之外。如果选择"包括在新选择集中"单选框，则创建一个新的只包含符合过滤条件对象的选择集；如果选择"排除在新选择集之外"单选框，则创建一个只包括除符合过滤条件之外的对象的选择集。

● "附加到当前选择集"复选框：不勾选此复选框时，利用快速选择（QSELECT）命令创建的选择集替换当前选择集；勾选此复选框时，利用快速选择（QSELECT）命令创建的选择集附加到当前选择集中。

可以看出，"快速选择"与利用多种方法直接选取对象相比，利用了某类对象的共同特性，突出了"快"的特点。

3．举例

任务 4-1 利用快速选择命令选择"gangjin"图层上的对象。

（1）首先应建立"gangjin"图层，步骤略。

（2）单击"工具"下拉菜单→"快速选择…"。

在"快速选择"对话框中：

"应用到"下拉列表中选择"整个图形"。

"对象类型"下拉列表中选择"所有图元"。

"特性"列表框中选择"图层"。

"运算符"下拉列表中选择"=等于"。

"值"下拉列表中选择"gangjin"。

"如何应用"选项组中选择"包括在新选择集中"单选框。

单击"确定"按钮，结束选择过程，被选中的"gangjin"图层上的对象以高亮度虚线显示。

4.2 图形对象的复制

4.2.1 复制（COPY）

1．功能 对指定图形对象进行一次或多次复制，并复制到指定位置。

2．执行方式

（1）工具栏：单击"修改"工具栏中的 按钮。

（2）下拉菜单："修改"→"复制"。

（3）命令行：COPY 或 CO 或 CP↙。

3．操作过程

任务 4-2 将图 4-3 所示的三角形和圆水平复制两次。

图 4-3 图形的复制

启动命令，系统提示：

命令：_copy

选择对象：指定对角点：找到 4 个（利用默认窗口法选取三角形和圆）

选择对象：（单击鼠标右键，结束选择对象过程）

当前设置：复制模式=多个

指定基点或[位移(D)/模式(O)]<位移>：（用鼠标任选一点，确定基点，打开"正交"开关）

指定第二个点或<使用第一个点作为位移>：（水平向右拖动鼠标选取一点，第一次复制完成，复制对象落于指定位置）

指定第二个点或[退出(E)/放弃(U)]<退出>：（继续水平向右拖动鼠标再选一点，第二次复制完成，单击鼠标右键或回车或输入 E 结束复制命令）

4．COPY 命令各选项含义

● **基点：**代表被复制对象的整体点。通过该点和第二点形成的位移矢量（复制对象的移动距离和方向）来确定被复制对象的落点位置。如果在"指定第二个点"时直接回车，则第一个点将被认为是相对于坐标原点的相对坐标，由此确定位移矢量。

● **位移（D）：**利用键盘或鼠标输入一点，该点与上一点（尖括号中坐标表示的点）形成确定复制对象落点位置的位移矢量。

● **模式（O）：**用于控制被复制对象是复制一次还是多次。

输入 O 后，系统提示：

输入复制模式选项[单个（S）/多个（M）]<多个>：

■ **单个（S）：**表示对象只能被复制一次。

■ **多个（M）：**表示对象可被复制多次。

选择"单个（S）"后，系统提示：

指定基点或[位移（D）/模式（O）/多个（M）]<位移>：

此时如果再输入 M 选择"多个"，仍然可以多次复制对象。

5．说明

（1）理论上基点可以选择任意点，但选择一些特殊点将有利于快速和精确绘图。

（2）当仅对复制对象进行上、下、左、右复制时，可在选择完复制对象、确定基点后，打开"正交"开关，分别向上、下、左、右推动鼠标，再输入移动距离即可完成。

6．举例

 任务 4-3 利用复制命令绘出图 4-4a 所示其余钢筋的钢筋号圆圈。

启动命令，系统提示：

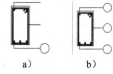

a)   b)

图 4-4　钢筋号圆圈的复制

命令：_copy

选择对象：找到 1 个（利用默认选取法，用矩形拾取框选择钢筋号圆圈）

选择对象：（单击鼠标右键，结束选择对象过程）

当前设置：复制模式=多个

指定基点或[位移(D)/模式(O)]<位移>：（打开"对象捕捉"开关，选取圆与引线的交点为基点）

指定第二个点或<使用第一个点作为位移>：（用鼠标选取箍筋引线的右端点）

指定第二个点或[退出(E)/放弃(U)]<退出>：（选取上部纵筋引线的右端点）

指定第二个点或[退出(E)/放弃(U)]<退出>：（单击鼠标右键结束复制命令）

结果如图 4-4b 所示。

4.2.2 偏移（OFFSET）

1. 功能 创建选定图形对象的等距离偏移对象。

2. 执行方式

（1）工具栏：单击"修改"工具栏中的 按钮。

（2）下拉菜单："修改"→"偏移"。

（3）命令行：OFFSET↙。

3. 操作过程

任务 4-4 画出图 4-5a 中直线向左、半圆向右的平行线，间距为 5，结果如图 4-5b 所示。

a) b)

图 4-5 图形的偏移

启动命令，系统提示：

> 命令:_offset
>
> 当前设置:删除源=否 图层=源 OFFSETGAPTYPE=0
>
> 指定偏移距离或 [通过(T)/删除(E)/图层(L)]<通过>: 5↙（输入偏移距离 5）
>
> 选择要偏移的对象，或[退出(E)/放弃(U)]<退出>:（选取直线）
>
> 指定要偏移的那一侧上的点，或[退出(E)/多个(M)/放弃(U)]<退出>:（选取直线左侧任意一点，即在要偏移对象的一侧选取一点用来确定偏移方向，同时得出偏移后的直线）
>
> 选择要偏移的对象，或[退出(E)/放弃(U)]<退出>:（选取半圆）
>
> 指定要偏移的那一侧上的点，或[退出(E)/多个(M)/放弃(U)]<退出>:（选取半圆右侧任意一点，同时得出偏移后的半圆）
>
> 选择要偏移的对象，或[退出(E)/放弃(U)]<退出>:（单击鼠标右键或回车或输入 E 结束偏移命令）

4. OFFSET 命令各选项含义

● 偏移距离：确定偏移对象位置的距离。可直接输入一个距离值，也可在"指定偏移距离"提示下，利用鼠标选取两点，系统会自动计算两点间的距离并将其作为偏移距离。

● 通过（T）：通过某一点创建偏移对象。选取一点，无需输入偏移距离。

● 删除（E）：确定是否在偏移完成后删除源对象。

● 图层（L）：用于确定将创建的偏移对象设置在当前图层上还是设置在被偏移对象（源对象）所在的图层上。

● 退出（E）：结束偏移命令。

● 放弃（U）：放弃上一次所选的被偏移对象或放弃上一次创建的偏移对象。

● 多个（M）：用于将当前选取的被偏移对象按照指定偏移距离或指定点连续多次进行偏移。

5. 说明

（1）进行偏移的图形对象可以是直线、多段线、构造线、射线、样条曲线、圆弧、圆、椭圆弧和椭圆。

（2）确定偏移距离后，可多次选取不同的对象进行偏移。

（3）偏移可用于平行线、同心圆等的绘制，如图 4-6 所示。

图 4-6 图形对象的偏移

4.2.3 阵列（ARRAY）

1．功能 对选定的图像对象进行有规律的多重复制。

阵列分矩形阵列和环形阵列，矩形阵列是按指定的行数和列数复制图形对象，环形阵列是围绕中心点在一定角度范围内按照指定数量复制图形对象。

2．执行方式

（1）工具栏：单击"修改"工具栏中的品按钮。

（2）下拉菜单："修改"→"阵列"。

（3）命令行：ARRAY↙。

3．操作过程

（1）矩形阵列。单击"修改"工具栏阵列的图标，弹出"阵列"对话框，如图4-7所示。

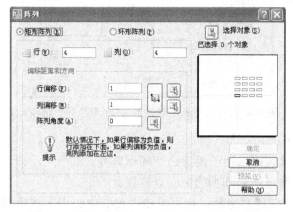

图4-7 "阵列"对话框（"矩形阵列"选项）

此框为创建矩形阵列的对话框。其中各项含义如下：

● "矩形阵列"单选框：用于确定进行矩形阵列。

● "选择对象"按钮：单击其返回绘图窗口选择被阵列的图形对象。

● "行"文本框：确定阵列的行数。行数是不小于1的整数。

● "列"文本框：确定阵列的列数。列数是不小于1的整数。

● "行偏移"：确定偏移行距和偏移方向。

可在文本框中直接输入行距，正数表示向被偏移对象的上方偏移，负数表示向被偏移对象的下方偏移。也可利用该文本框后的"行偏移"按钮，单击其回到绘图窗口，利用鼠标选取两点，系统自动计算两点形成的矢量线段，其长度为行距，当先后选取的两点纵坐标之差为正则向上偏移，为负则向下偏移。

● "列偏移"：确定偏移列距和偏移方向。

可在文本框中直接输入列距，正数表示向被偏移对象的右方偏移，负数表示向被偏移对象的左方偏移。也可利用该文本框后的"列偏移"按钮，单击其回到绘图窗口，利用鼠标选取两点，系统自动计算两点形成的矢量线段，其长度为列距，当先后选取的两点横坐标之差为正则向右偏移，为负则向左偏移。

行距和列距还可用"行列距偏移"按钮确定。单击其回到绘图窗口，利用鼠标选取矩形对角线两点形成一个矩形，矩形的竖直边长度为行距，水平边长度为列距。当先后选取的两点纵坐标之差为正则向右偏移，为负则向左偏移；横坐标之差为正则向右偏移，为负则向左偏移。

- "阵列角度"：确定矩形阵列的旋转角度。

当以上各项内容选择完毕后，单击"确定"按钮即可完成矩形阵列命令。

（2）环形阵列。单击"修改"工具栏阵列的图标，弹出如图4-7所示的"阵列"对话框，选择"环形阵列"单选框，如图4-8所示。

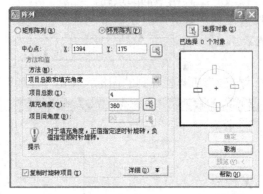

图4-8 "环形阵列"对话框（"环形陈列"选项）

其中各项含义如下：

- "环形阵列"单选框：用于确定进行环形阵列。
- "中心点"：确定环形阵列的中心点位置。

可直接输入中心点的绝对坐标，也可单击"拾取中心点"按钮回到绘图窗口，利用鼠标直接选取中心点。

- "方法和值"选项组：确定环形阵列的执行方法。

环形阵列可通过3种方法获得阵列结果。

■ "项目总数和填充角度"：指定阵列对象的个数和环形阵列的角度范围。

■ "项目总数和项目间的角度"：指定阵列对象的个数和两个阵列对象之间的夹角。

■ "填充角度和项目间的角度"：指定环形阵列的角度范围和两个阵列对象之间的夹角。

💡📖 提示 ------------------------------------

> 输入的填充角度为正时为逆时针方向阵列，否则为顺时针方向阵列。

- "复制时旋转项目"复选框：确定偏移对象是否随着环形分布进行旋转。

4. 举例

📝 **任务 4-5** 绘制一个三行四列的表格，行间距为10，列间距为20。

利用矩形命令先绘制长20、宽10的矩形，如图4-9a所示，步骤略。

单击"修改"工具栏中"阵列"按钮，弹出如图4-7所示的对话框。

单击"选择对象"按钮，选择矩形，单击鼠标右键返回对话框。

"行"文本框中输入"3"，"列"文本框中输入"4"。

"行偏移"文本框中输入"10"，"列偏移"文本框中输入"20"，"阵列角度"文本框中输入"0"。

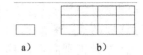

a)　　　　b)

图4-9 利用矩形阵列命令绘制表格

单击"确定"按钮，结果如图4-9b所示。

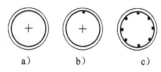

图4-10　利用环形阵列命令绘图

任务4-6　绘制圆形截面柱剖面图中的纵筋。

利用圆和圆环命令绘制柱轮廓和箍筋，如图4-10a所示，再利用圆环命令绘制一个钢筋圆点，如图4-10b所示，步骤略。

单击"修改"工具栏中"阵列"按钮，选择"环形阵列"单选框，弹出如图4-8所示的对话框。

单击"选择对象"按钮，选择钢筋圆点，单击鼠标右键返回对话框。

利用"中心点"的拾取按钮，选择柱轮廓圆的中心。

利用"项目总数和填充角度"方法，"项目总数"文本框中输入"8"，"填充角度"文本框中输入"360"。

单击"确定"按钮，结果如图4-10c所示。

4.2.4　镜像（MIRROR）

1．功能　对选定的图形对象进行镜像对称变化，按给定的对称轴做反向复制。

2．执行方式

（1）工具栏：单击"修改"工具栏中的◢◣按钮。

（2）下拉菜单："修改"→"镜像"。

（3）命令行：MIRROR↙。

3．操作过程

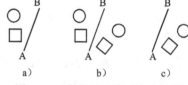

图4-11　利用环形阵列命令绘图

任务4-7　作出图4-11a中的圆和矩形关于直线AB的对称图形。

启动命令，系统提示：

> **命令：_mirror**
> **选择对象：找到1个**（选择圆）
> **选择对象：找到1个，总计2个**（选择矩形）
> **选择对象：**（单击鼠标右键结束对象选择）
> **指定镜像线的第一点：**（打开"对象捕捉"开关，选取直线A点，确定镜像轴的第一点）
> **指定镜像线的第二点：**（选取直线B点，确定镜像轴的第二点，形成镜像轴）
> **要删除源对象吗？[是(Y)/否(N)]<N>:↙**（结束命令）

结果如图4-14b所示。

若在"要删除源对象吗？[是（Y）/否（N）] <N>:"提示下，输入Y并回车，则结果如图4-14c所示。

4．说明

（1）镜像线就是对称轴，由两点确定，不在绘图窗口中显示出来。

（2）镜像是反向复制，适用于绘制对称图形。

5．关于文本信息的镜像　绘图过程中，除了有图形对象之外，还会有文字、数字等文本信息。进行镜像时，文本内容如果也按照镜像轴反向复制，结果将难以识别。AutoCAD利用系统变量MIRRTEXT来控制文本内容的镜像方式。当其值为"0"时，文本内容不进行反向变化，只是位置做镜像处理；当其值为"1"时，文本内容进行反向变化，如图 4-12 所示。

在命令行中输入 MIRRTEXT，即可根据提示赋予 MIRRTEXT 相应的变量值。

图 4-12　文本对象的镜像

4.3　图形对象的位置和大小变化

4.3.1　移动（MOVE）

1．功能　将指定的图形对象移动到新的指定位置，且不改变对象的大小和方向。

2．执行方式

（1）工具栏：单击"修改"工具栏中的✛按钮。

（2）下拉菜单："修改"→"移动"。

（3）命令行：MOVE↙。

3．操作过程

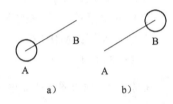

图 4-13　图形的移动

任务 4-8　将图 4-13a 中的圆从 A 点移动至 B 点。

启动命令，系统提示：

> 命令：_move
> 选择对象：（选取圆）
> 选择对象：（单击鼠标右键结束对象选择）
> 指定基点或[位移(D)]<位移>：（打开"对象捕捉"开关，选取 A 点）
> 指定第二个点或<使用第一个点作为位移>：（选取 B 点，结束命令）

4．说明

（1）MOVE 命令中，基点代表被移动对象的整体点，它的作用同复制（COPY）中基点的作用。

（2）对象的移动距离和方向，根据用户提供的位移矢量确定，方法同复制（COPY）命令。

（3）当仅对图形对象进行上、下、左、右的移动时，可在选择完对象、确定基点后，打开"正交"开关，分别向上、下、左、右推动鼠标，再输入移动距离即可完成。

（4）多个对象同时移动时，各对象之间的相对位置保持不变。

4.3.2　旋转（ROTATE）

1．功能　将选定的图形对象绕指定点（基点）旋转指定角度。

2．执行方式

（1）工具栏：单击"修改"工具栏中的⟳按钮。

（2）下拉菜单："修改"→"旋转"。

（3）命令行：ROTATE✓。

3．操作过程

 任务 4-9 将图 4-14 中的字母和水平直线共同旋转 45°。

启动命令，系统提示：

图 4-14　字母和图形的旋转

命令：_rotate

UCS 当前的正角方向：　ANGDIR=逆时针　ANGBASE=0（显示当前坐标系角度的正方向和起始角的位置）

选择对象：指定对角点：找到 2 个（利用默认窗口法选择被旋转对象字母和直线）

选择对象：（单击鼠标右键结束选择对象）

指定基点：（打开"对象捕捉"开关，选取直线左端点，确定基点）

指定旋转角度，或 [复制(C)/参照(R)] <0>：45✓（输入绕基点的旋转角度，回车结束命令）

4．ROTATE 命令各选项含义

● 基点：旋转的指定围绕点。

● 旋转角度：确定绕基点旋转的角度。在"指定旋转角度"的提示下，可以看到绘图窗口上被选对象跟随鼠标的移动进行动态旋转。用户可以直接输入旋转角度值，也可以利用鼠标指定第二点，系统将自动计算这两点（基点和第二点）的连线与 X 轴正向的夹角，并以此作为被选对象的旋转角。

● 复制（C）：将被旋转的对象复制保留在其初始位置上。

● 参照（R）：将被选对象从指定的参照角度旋转到新的绝对角度。参照角度和新角度都可通过输入具体角度值或指定两点（连接两点的直线矢量与 X 轴正向夹角）来确定角度值。被选对象绕基点旋转的角度值为新角度与参照角度之差。

5．说明

（1）在旋转角度不易确定的情况下适宜使用"参照（R）"选项。

（2）图形的大小在旋转前后保持不变。

6．举例

 任务 4-10 绘制两相互垂直的坐标轴，如图 4-15 所示。

利用直线和多段线命令绘制水平坐标轴，步骤略。

启动命令，系统提示：

图 4-15　坐标轴绘制

命令：_rotate

UCS 当前的正角方向：　ANGDIR=逆时针　ANGBASE=0

选择对象：指定对角点：找到 2 个（利用默认窗口法选择被旋转对象水平坐标轴）

选择对象：（单击鼠标右键结束选择对象）

指定基点：（选取水平轴左端附近一点"O"点作为基点）

指定旋转角度，或 [复制(C)/参照(R)] <45>：C✓（保留被旋转对象）旋转一组选定对象。

指定旋转角度，或 [复制(C)/参照(R)] <45>：90✓（输入 90，回车结束命令）

 任务 4-11 将图 4-16a 中的矩形旋转至与直线平行。

（注：此题使用参照旋转十分便捷。）

启动命令，系统提示：

> **命令：_rotate**
> **UCS 当前的正角方向：ANGDIR=逆时针　ANGBASE=0**
> **选择对象：找到 1 个**（用默认拾取框法选取矩形）
> **选择对象：**（单击鼠标右键结束选择对象）
> **指定基点：**（打开"对象捕捉"开关，选取点"1"，确定基点）
> **指定旋转角度，或 [复制(C)/参照(R)] <90>：R✓**（选择参照方式）
> **指定参照角 <0>：**（选取点"1"）
> **指定第二点：**（选取点"2"）
> **指定新角度或 [点(P)] <0>：P✓**（利用两点直线确定旋转角度）
> **指定第一点：**（选取点"3"）
> **指定第二点：**（选取点"4"，结束命令）

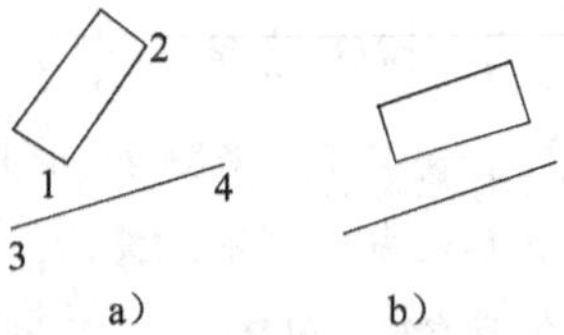

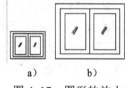

图 4-16　参照旋转

结果如图 4-16b 所示。

4.3.3　缩放（SCALE）

1．功能　将选定的图形对象以基点为中心点进行缩放。

2．执行方式

（1）工具栏：单击"修改"工具栏中的▣按钮。

（2）下拉菜单："修改"→"缩放"。

（3）命令行：SCALE✓。

3．操作过程

🔧 任务 4-12　将图 4-17a 中的图形放大 2 倍。

启动命令，系统提示：

图 4-17　图形的放大

> **命令：_scale**
> **选择对象：指定对角点：找到 17 个**（利用默认窗口方式选取全部图形）
> **选择对象：**（单击鼠标右键结束选择对象）
> **指定基点：**（打开"对象捕捉"开关，选取图形左下角点，确定基点）
> **指定比例因子或[参照(R)]<1.0000>：2✓**（输入缩放的比例，回车结束命令）

4．SCALE 命令各选项含义

● 基点：缩放的指定中心点。

● 比例因子：确定以基点为中心点进行图形对象缩放的比例值，比例因子大于 1 则放大，比例因子小于 1 则缩小。

● 参照（R）：选择该选项后，系统首先提示用户指定参照长度（默认为"1"），然后再指定一个新的长度，并以新的长度与参照长度之比作为比例因子。

对于参照选项，经常选择缩放对象的一部分长度作为参照长度，然后再选择要将此对象的这一部分缩放后的长度作为新长度，这样就可以实现按指定长度进行缩放。

5．说明

（1）图形对象缩放前后以确定的基点为中心点，中心点的位置不变。

（2）在图形对象原始长度不确定或是缩放比例不确定时适宜使用参照选项。

（3）缩放是指对图形对象实际大小尺寸进行缩小或放大，而不是执行 ZOOM 命令时的视图的缩小或放大。

4.3.4　拉伸（STRETCH）

1. 功能　将选定的图形部分内容沿任一方向以给定的距离拉长或缩短，对选定的全部图形可以进行任意移动。

2. 执行方式

（1）工具栏：单击"修改"工具栏中的 按钮。

（2）下拉菜单："修改"→"拉伸"。

（3）命令行：STRETCH↙。

3. 操作过程

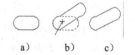

 任务 4-13　将图 4-18a 中的图形向右上方 60° 拉伸 10 个单位长度。

图 4-18　图形的拉伸

启动命令，系统提示：

> **命令：_stretch**
> **以交叉窗口或交叉多边形选择要拉伸的对象…**
> **选择对象：指定对角点：找到 3 个**[利用默认窗口（从右向左拉窗口）方式选择右侧部分图形]
> **选择对象：**（单击鼠标右键，结束选择对象）
> **指定基点或[位移(D)]<位移>：**（利用鼠标在图形左下方选取一点，确定基点，如图 4-18b 所示）
> **指定位移的第二个点或 <用第一个点作位移>：@10<60↙**（输入相对于基点的第二点相对极坐标，确定被选对象拉伸或压缩的指定位置，回车结束命令）

结果如图 4-18c 所示。

4. 说明

（1）拉伸命令必须使用交叉窗口或默认窗口（从右向左拉窗口）方式来选择对象。

（2）当选择全部图形时，拉伸命令功能同移动命令。

（3）使用拉伸命令时应灵活结合正交、捕捉模式。

（4）可利用夹点快速拉伸图形。

5. 举例

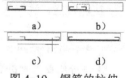

 任务 4-14　将图 4-19a 板中纵向钢筋画至合适位置。

利用矩形和多段线命令绘制板轮廓线和纵筋，如图 4-19a 所示，步骤略。

图 4-19　钢筋的拉伸

启动命令，系统提示：

> **命令：_stretch**
> **以交叉窗口或交叉多边形选择要拉伸的对象…**
> **选择对象：C↙**（利用交叉窗口方式选择对象）
> **指定第一个角点：**（用鼠标选取图 4-19b 中虚线框左上角点）**指定对角点：**（用鼠标选取图 4-19b 中虚线框右下角点）**找到 1 个**
> **选择对象：**（单击鼠标右键，结束选择对象）
> **指定基点或[位移(D)]<位移>：**（用鼠标选取图 4-19c 中十字光标左侧直线端点，确定基点）
> **指定位移的第二个点或 <使用第一个点作为位移>：**（打开"正交"开关，用鼠标选取图 4-19c

中十字光标位置点，确定拉伸距离，结束命令）

结果如图 4-19d 所示。

 任务 4-15 利用夹点拉伸将图 4-20a 中水平线 1 拉伸至图 4-20d 所示位置。

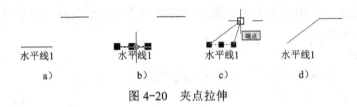

图 4-20　夹点拉伸

启动命令，系统提示：

命令：（用鼠标单击水平线 1，出现三个夹点，如图 4-20b 所示）

命令：（用鼠标选取右侧夹点，如图 4-20c 所示）

命令：

拉伸

指定拉伸点或 [基点(B)/复制(C)/放弃(U)/退出(X)]：（关闭"正交"开关，打开"对象捕捉"
开关，拖动鼠标至上部水平线左端点，如图 4-20c 所示，单击鼠标，结束命令）

结果如图 4-20d 所示。

4.3.5　拉长（LENGTHEN）

1．功能　改变非闭合的直线、圆弧、多段线、椭圆弧和样条曲线的长度，还可以改变圆
弧的圆心角。

2．执行方式

（1）工具栏：单击"修改"工具栏中的 ╱ 按钮。

（2）下拉菜单："修改"→"拉长"。

（3）命令行：LENGTHEN↙。

3．操作过程

图 4-21　圆弧拉长

 任务 4-16 将如图 4-21a 中弧 AB 沿弧度方向在 B 端增长 15 个单位。

启动命令，系统提示：

命令：_lengthen

选择对象或 [增量(DE)/百分数(P)/全部(T)/动态(DY)]：（用鼠标选取弧 AB）

当前长度：39.1802，包含角：118（显示弧 AB 的长度和圆心角度数）

选择对象或 [增量(DE)/百分数(P)/全部(T)/动态(DY)]：DE↙（按增量方式进行拉长）

输入长度增量或 [角度(A)] <0.0000>：15↙（输入长度增量 15）

选择要修改的对象或 [放弃(U)]：（用鼠标选取 B 段附近弧上一点）

选择要修改的对象或 [放弃(U)]：↙（回车结束命令）

结果如图 4-21b 所示。

4．LENGTHEN 命令各选项含义

● 选择对象：执行该选项，即用户选择对象，命令行显示出对象的当前长度，当对
象为圆弧时显示出对象的当前长度和角度。

- 增量（DE）：用来指定一个增加的长度或角度。
- 百分数（P）：按对象总长的百分比来改变对象的长度。
- 全部（T）：指定对象的总的绝对长度或包含的角度。
- 动态（DY）：用来动态地改变对象的长度。

4.4 图形对象的形状修改

4.4.1 修剪（TRIM）

1．**功能**　用指定的边界（由一个或多个对象定义的剪切边）修剪与其相交的指定对象。

2．**执行方式**

（1）工具栏：单击"修改"工具栏中的 按钮。

（2）下拉菜单："修改"→"修剪"。

（3）命令行：TRIM↙。

3．**操作过程**

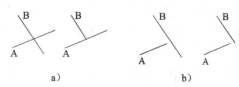

图 4-22　直线的修剪

任务 4-17　将图 4-22a 中直线 B 超出直线 A 的部分剪除。

启动命令，系统提示：

> **命令：_trim**
> **当前设置：投影=UCS，边=无**
> **选择剪切边…**
> **选择对象或<全部选择>：找到 1 个**（用鼠标选取直线 A，将直线 A 作为剪切边）
> **选择对象：**（单击鼠标右键，结束剪切边的选取）
> **选择要修剪的对象，或按住 Shift 键选择要延伸的对象，或 [栏选(F)/窗交(C)/投影(P)/边(E)/删除(R)/放弃(U)]：**（用鼠标选取在直线 A 下方一侧直线 B 上的任一点，直线 B 被剪切）
> **选择要修剪的对象，或按住 Shift 键选择要延伸的对象，或[栏选(F)/窗交(C)/投影(P)/边(E)/删除(R)/放弃(U)]：**↙（回车结束命令）

4．**说明**

（1）在选择被修剪对象前，如果选择"边（E）"，则系统提示：

> **输入隐含边延伸模式[延伸(E)/不延伸(N)]<不延伸>：**

隐含延伸边模式为"不延伸"时，表示只有当被剪切对象与剪切边相交才可以被剪切，如图 4-22a 所示。隐含延伸边模式为"延伸"时，表示只要被剪切对象或剪切边延伸后能够相交就可以被剪切，如图 4-22b 所示。

（2）剪切边可以是直线、圆弧、圆、多段线、椭圆、样条曲线、构造线、射线和图纸空间中的视口。

（3）修剪命令的功能非常强，可用于编辑墙体平面、构件轮廓、尺寸线和表格等。

5．**举例**

任务 4-18　绘制带引线的钢筋圆圈。

利用直线和圆命令绘制如图 4-23a 所示图形，步骤略。

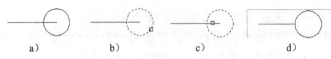

a)   b)   c)   d)

图 4-23 　直线和圆的修剪

启动命令，系统提示：

> **命令：_trim**
>
> **当前设置：投影=UCS，边=无**
>
> **选择剪切边…**
>
> **选择对象或<全部选择>：找到 1 个**（用鼠标选取圆，将圆作为剪切边，如图 4-23b 所示）
>
> **选择对象：**（单击鼠标右键，结束剪切边的选取）
>
> **选择要修剪的对象，或按住 Shift 选择要延伸的对象，或 [栏选(F)/窗交(C)/投影(P)/边(E)/删除(R)/放弃(U)]：**（利用鼠标选取圆内直线，如图 4-23c 所示）
>
> **选择要修剪的对象，或按住 Shift 键选择要延伸的对象，或 [栏选(F)/窗交(C)/投影(P)/边(E)/删除(R)/放弃(U)]：** ↙（回车结束命令）

结果如图 4-23d 所示。

4.4.2　延伸（EXTEND）

1．功能　将所选对象精确延伸至指定边界。

2．执行方式

（1）工具栏：单击"修改"工具栏中的 ─／ 按钮。

（2）下拉菜单："修改"→"延伸"。

（3）命令行：EXTEND↙。

3．操作过程

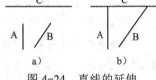

a)   b)

图 4-24　直线的延伸

 任务 4-19　将图 4-24a 中直线 A、B 延伸至直线 C 处。

启动命令，系统提示：

> **命令：_extend**
>
> **当前设置：投影=UCS，边=无**
>
> **选择边界的边…**
>
> **选择对象或<全部选择>：找到 1 个**（用鼠标选取直线 C，确定直线 C 为延伸边界）
>
> **选择对象：**（单击鼠标右键，结束延伸边界的选取）
>
> **选择要延伸的对象，或按住 Shift 键选择要修剪的对象，或 [栏选(F)/窗交(C)/投影(P)/边(E)/放弃(U)]：**（用鼠标选取直线 A，延伸直线 A）
>
> **选择要延伸的对象，或按住 Shift 键选择要修剪的对象，或 [栏选(F)/窗交(C)/投影(P)/边(E)/放弃(U)]：**（用鼠标选取直线 B，延伸直线 B）
>
> **选择要延伸的对象，或按住 Shift 键选择要修剪的对象，或 [栏选(F)/窗交(C)/投影(P)/边(E)/放弃(U)]：** ↙（回车结束命令）

结果如图 4-24b 所示。

4．说明

（1）在选择延伸对象前，如果选择"边（E）"，则系统提示：

输入隐含边延伸模式[延伸(E)/不延伸(N)]<不延伸>：

与修剪（TRIM）命令相似，隐含延伸边模式为"延伸"时，表示只要延伸对象与延伸边界分别延长后能够相交就可以延伸，如图4-25b所示，隐含延伸边模式为"不延伸"时，表示只有当延伸对象延伸后能与延伸边界相交才可以进行延伸，如图4-25a所示。

（2）延伸边界可以是直线、圆弧、圆、多段线、椭圆、样条曲线、构造线、射线和图纸空间中的视口。

（3）选择要延伸的对象时，选点靠近延伸边界的一侧被延长。

（4）直线可以延伸到圆或曲线的切点。

5．举例

 任务 4-20 将如图4-25所示的水平线延伸至竖直线边界处。

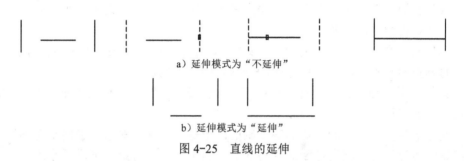

a）延伸模式为"不延伸"

b）延伸模式为"延伸"

图 4-25 直线的延伸

启动命令，系统提示：

命令：_extend
当前设置：投影=UCS，边=无
选择边界的边…
选择对象或<全部选择>：找到1个（用鼠标选取左边竖线，确定第一条延伸边界）
选择对象：找到1个，总计2个（用鼠标选取右边竖线，确定第二条延伸边界）
选择对象：（单击鼠标右键，结束延伸边界的选取）
选择要延伸的对象，或按住Shift键选择要修剪的对象，或 [栏选(F)/窗交(C)/投影(P)/边(E)/放弃(U)]：（选取水平线上靠近左边界的点，水平线向左端延伸）
选择要延伸的对象，或按住Shift键选择要修剪的对象，或 [栏选(F)/窗交(C)/投影(P)/边(E)/放弃(U)]：（选取水平线上靠近右边界的点，水平线向右端延伸）
选择要延伸的对象，或按住Shift选择要修剪的对象，或 [栏选(F)/窗交(C)/投影(P)/边(E)/放弃(U)]：↙（回车结束命令）

4.4.3 打断（BREAK）

1．**功能**　打断对象或删除对象的一部分。

2．**执行方式**

（1）工具栏：单击"修改"工具栏中的□或□按钮。

（2）下拉菜单："修改"→"打断"。

（3）命令行：BREAK↙。

3．操作过程

任务 4-21 将图 4-26a 中的圆在 A、B 两点处打断。

启动命令，系统提示：

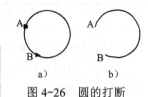

图 4-26　圆的打断

命令：_break 选择对象：（用鼠标选取 A 点，同时确定打断对象为圆）

指定第二个打断点或 [第一点(F)]:（用鼠标选取 B 点，结束命令）

结果如图 4-26b 所示。

4．说明

（1）打断对象时，需要确定两个断点。当两个断点不重合时，则删除断点之间的对象；当两个断点重合时，则将对象在断点处打断为两个对象。

（2）选择打断对象时选取对象的点作为第一个断点，然后指定第二个断点，还可先选择整个对象然后再指定两个断点。

（3）利用打断命令可以完成 ERASE 和 TRIM 命令不能完成的某些删除操作。

（4）打断圆时，按逆时针方向删除两断点之间的弧线部分。

（5）系统提示"指定第二个打断点或[第一点（F）]："时，输入"@"，表示第二个断点与第一个断点重合。

（6）对于利用多段线、圆、矩形等绘制的图形是一个整体对象，当需要对图形的部分内容做编辑修改时，可以利用打断命令将其变为两个以上的对象，再进行修改。

4.4.4　圆角（FILLET）

1．功能　通过指定半径的圆弧光滑连接两个对象。

2．执行方式

（1）工具栏：单击"修改"工具栏中的█按钮。

（2）下拉菜单："修改"→"圆角"。

（3）命令行：FILLET✓。

3．操作过程

任务 4-22 将图 4-27a 中的两条直线用半径为 10 的圆弧连接。

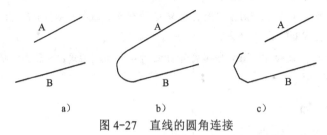

图 4-27　直线的圆角连接

启动命令，系统提示：

命令：_fillet

当前设置：模式=修剪，半径=0.0000

选择第一个对象或 [放弃(U)/多段线(P)/半径(R)/修剪(T)/多个(M)]: R✓（输入 R 修改圆弧半径）

指定圆角半径 <0.0000>: 10✓（将圆弧半径设为 10）

土木工程 CAD

选择第一个对象或 [放弃(U)/多段线(P)/半径(R)/修剪(T)/多个(M)]:（用鼠标选取直线 A）

选择第二个对象，或按住 Shift 键选择要应用角点的对象:（用鼠标选取直线 B，结束命令）

结果如图 4-27b 所示。

若在"选择第一个对象或[放弃(U)/多段线(P)/半径(R)/修剪(T)/多个(M)]:"提示下，输入 T 并回车，则系统提示：

输入修剪模式选项 [修剪(T)/不修剪(N)] ＜修剪＞: N↙（将修剪模式设为"不修剪"）

选择第一个对象或 [放弃(U)/多段线(P)/半径(R)/修剪(T)/多个(M)]:（用鼠标选取直线 A）

选择第二个对象，或按住 Shift 键选择要应用角点的对象:（用鼠标选取直线 B，结束命令）

结果如图 4-27c 所示。

4．说明

（1）直线、多段线的直线段、样条曲线、构造线、射线、圆、圆弧和椭圆都可进行圆角处理，并且直线-多段线的直线段、直线-圆、直线-圆弧、圆弧、圆等对象还可进行组合圆角处理。

（2）直线、构造线和射线在相互平行时也可进行圆角处理，圆角半径由 AutoCAD 自动计算，取两平行线垂直距离的一半。

（3）圆弧半径为零且修剪模式为"修剪"时可使两个对象相交，如果圆弧半径太大，使两对象间容纳不下时，则无法进行圆角连接。

5．举例

任务 4-23 将图 4-28a 中的矩形四角进行半径为 5 的圆角处理。

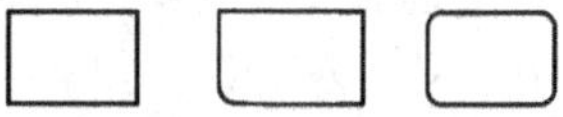

利用矩形命令绘制矩形，步骤略。

启动命令，系统提示：

a) b) c)

图 4-28 矩形的圆角处理

命令: _fillet

当前设置: 模式=修剪，半径=0.0000

选择第一个对象或[放弃(U)/多段线(P)/半径(R)/修剪(T)/多个(M)]: R↙（输入 R 修改圆弧半径）

指定圆角半径 ＜0.0000＞: 5↙（将圆弧半径设为 5）

选择第一个对象或 [放弃(U)/多段线(P)/半径(R)/修剪(T)/多个(M)]:（用鼠标选取矩形左边）

选择第二个对象，或按住 Shift 键选择要应用角点的对象:（用鼠标选取矩形底边，完成左下角圆角处理，如图 4-28b 所示）

反复三次执行圆角命令，采用相似方法对矩形其他三个角进行圆角处理。

结果如图 4-28c 所示。

4.4.5 倒角（CHAMFER）

1．功能 通过延伸（或修剪）使两个非平行的直线类对象相交或利用斜线连接。可以对直线、多段线、构造线和射线进行倒角。

2．执行方式

（1）工具栏：单击"修改"工具栏中的 按钮。

（2）下拉菜单："修改"→"倒角"。

（3）命令行：CHAMFER↙。

3. 操作过程

任务 4-24 将图 4-29a 中的两条相交直线 A、B 进行长度为 10 的倒角处理。

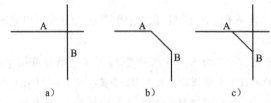

a)   b)   c)

图 4-29　直线的倒角处理

启动命令，系统提示：

> **命令：_chamfer**
>
> **（"修剪"模式）当前倒角距离 1=0.0000，距离 2=0.0000**
>
> **选择第一条直线或 [放弃(U)/多段线(P)/距离(D)/角度(A)/修剪(T)/方式(E)/多个(M)]：D↙（输入 D，改变倒角的距离）**
>
> **指定第一个倒角距离 <0.0000>：10↙（设定第一个倒角距离为 10）**
>
> **指定第二个倒角距离 <10.0000>：10↙（设定第二个倒角距离为 10）**
>
> **选择第一条直线或 [放弃(U)/多段线(P)/距离(D)/角度(A)/修剪(T)/方式(E)/多个(M)]：（用鼠标选取直线 A 在 A、B 交点左侧任一点）**
>
> **选择第二条直线，或按住 Shift 键选择要应用角点的直线：（用鼠标选取直线 B 在 A、B 交点下侧任一点，结束命令）**

当修剪模式为"修剪"时，结果如图 4-29b 所示，当修剪模式为"不修剪"时，结果如图 4-29c 所示。

4. CHAMFER 命令各选项含义

- 多段线（P）：对多段线进行倒角。如果四边形是利用多段线绘制的，选择该项后，选取四边形，其四个角一次自动倒角，与圆角命令中此项相同。
- 距离（D）：确定倒角距离。
- 角度（A）：根据一倒角距离和一角度进行倒角。
- 修剪（T）：用来确定倒角时是否对相应的倒角边进行修剪。
- 方式（E）：用来确定按"距离（D）"还是按"角度（A）"方式进行倒角。

5. 说明

（1）倒角距离设置太大或倒角角度无效，系统会给出错误提示信息。

（2）当两个倒角距离均为零且修剪模式为"修剪"时，倒角命令将使选定的两条直线相交，不产生倒角。

（3）执行倒角命令时，不同的修剪模式会得到不同的倒角结果。

（4）当两个倒角距离不相等时，选取倒角对象的次序不同会产生不同的效果。

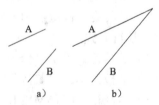

a)   b)

6. 举例

任务 4-25 将图 4-30a 中的直线 A、B 相交于一点。

图 4-30　直线的倒角相交

土木工程 CAD

利用直线命令绘制直线 A、B，步骤略。

启动命令，系统提示：

命令：_chamfer

（"不修剪"模式）当前倒角距离 1 = 15.0000，距离 2 = 30.0000

选择第一条直线或 [放弃(U)/多段线(P)/距离(D)/角度(A)/修剪(T)/方式(E)/多个(M)]：T✓（输入 T，改变修剪模式）

输入修剪模式选项 [修剪(T)/不修剪(N)] <不修剪>：T✓（将修剪模式设为"修剪"）

选择第一条直线或 [放弃(U)/多段线(P)/距离(D)/角度(A)/修剪(T)/方式(E)/多个(M)]：D✓（输入 D，设定倒角距离）

指定第一个倒角距离 <15.0000>：0✓（设定第一个倒角距离为 0）

指定第二个倒角距离 <0.0000>：0✓（设定第二个倒角距离为 0）

选择第一条直线或 [放弃(U)/多段线(P)/距离(D)/角度(A)/修剪(T)/方式(E)/多个(M)]：（用鼠标选取直线 A）

选择第二条直线，或按住 Shift 键选择要应用角点的直线：（用鼠标选取直线 B，结束命令）

结果如图 4-30b 所示。

4.5 分解（EXPLODE）

1．功能　分解多段线、标注、图案填充或块参照等合成对象，将其转换为单个对象。

2．执行方式

（1）工具栏：单击"修改"工具栏中的按钮。

（2）下拉菜单："修改"→"分解"。

（3）命令行：EXPLODE✓。

3．操作过程

a）整体　b）4 个单独对象

图 4-31　矩形的分解

任务 4-26　将图 4-31a 中的矩形进行分解。

启动命令，系统提示：

命令：_explode

选择对象：（用鼠标选取矩形）

选择对象：（单击鼠标右键结束命令）

结果如图 4-31b 所示。

4．说明

（1）分解多段线时，AutoCAD 将放弃任何关联的宽度信息。将多段线分解为沿原多段线的中心线放置的简单线段和圆弧。如果分解包含多段线的块，则需要单独分解多段线。如果分解一个圆环，它的宽度将变为 0。

（2）分解标注或图案填充后，将会失去其所有的关联性，标注或填充对象被替换为单个对象（例如直线、文字、点和二维实面）。

（3）分解命令常用于分解块、尺寸标注。

4.6 其他编辑命令

4.6.1 多段线编辑（PEDIT）

1. 功能　对利用多段线（PLINE）命令绘制的多段线进行编辑。

可以闭合或打开多段线，对多段线的顶点进行移动、增加或删除单独的顶点，可将任何两顶点之间的多段线拉成直线；设定线型在整条多段线上的生成方式，使之将多个片段的多段线按一条线来处理；还可为整个多段线设置统一的宽度或控制每个线段的宽度，以及从多段线创建样条曲线的线性近似值。多段线编辑的功能非常强大。

2. 执行方式

（1）工具栏：单击"修改"工具栏中的 按钮。

（2）下拉菜单："修改"→"对象"→"多段线"。

（3）命令行：PEDIT↙。

3. 操作过程

✎ 任务4-27　将图4-32a中利用多段线绘制的图形闭合，拉直AB两点间部分，并将图形线宽改为2个单位。

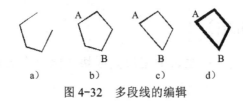

a)　　　　b)　　　　c)　　　　d)

图4-32　多段线的编辑

启动命令，系统提示：

命令：_pedit 选择多段线或 [多条(M)]：（用鼠标选取多段线图，确定进行对象编辑）

输入选项 [闭合(C)/合并(J)/宽度(W)/编辑顶点(E)/拟合(F)/样条曲线(S)/非曲线化(D)/线型生成(L)/放弃(U)]：C↙（输入C闭合图形，如图4-32b所示）

输入选项 [打开(O)/合并(J)/宽度(W)/编辑顶点(E)/拟合(F)/样条曲线(S)/非曲线化(D)/线型生成(L)/放弃(U)]：E↙（输入E进行顶点编辑选项）

输入顶点编辑选项

[下一个(N)/上一个(P)/打断(B)/插入(I)/移动(M)/重生成(R)/拉直(S)/切向(T)/宽度(W)/退出(X)] <N>：↙（十字光标从图形第一顶点移动到顶点A）

输入顶点编辑选项

[下一个(N)/上一个(P)/打断(B)/插入(I)/移动(M)/重生成(R)/拉直(S)/切向(T)/宽度(W)/退出(X)] <N>：S↙（输入S执行顶点间拉直选项）

输入选项 [下一个(N)/上一个(P)/执行(G)/退出(X)] <N>：↙（十字光标从顶点A移动到A、B之间的顶点）

输入选项 [下一个(N)/上一个(P)/执行(G)/退出(X)] <N>：↙（十字光标从A、B之间的顶点移动到顶点B）

输入选项 [下一个(N)/上一个(P)/执行(G)/退出(X)] <N>：G↙（输入G，　AB间图形被拉直，如图4-32c所示）

输入顶点编辑选项

**[下一个(N)/上一个(P)/打断(B)/插入(I)/移动(M)/重生成(R)/拉直(S)/切向(T)/宽度(W)/退出(X)]
<N>: X✓**（输入 X，退出顶点编辑选项）

**输入选项 [打开(O)/合并(J)/宽度(W)/编辑顶点(E)/拟合(F)/样条曲线(S)/非曲线化(D)/线型生成
(L)/放弃(U)]: W✓**（输入 W，执行图形整体线宽编辑选项）

指定所有线段的新宽度: 2✓（输入线宽新值 2，结果如图 4-32d 所示）

**输入选项[打开(O)/合并(J)/宽度(W)/编辑顶点(E)/拟合(F)/样条曲线(S)/非曲线化(D)/线型生成
(L)/放弃(U)]:✓**（回车结束命令）

4. PEDIT 命令各选项含义

● 选择多段线或[多条（M）]：选择要进行编辑的多段线，输入 M 时，可以选择多条多段线同时编辑。

如果选择的对象不是多段线，例如直线或圆弧，系统则会提示是否转换成多段线，输入 Y，转换后即可进行相应的多段线编辑。

● 闭合（C）：闭合多段线。

● 打开（O）：打开经闭合处理过的多段线。

闭合和打开是一对切换选项，不会同时出现在选项中。

● 合并（J）：将和多段线端点相连的直线、圆弧、多段线合并成一条多段线，且合并后多段线为开口。

● 宽度（W）：修改多段线整体的线宽。

● 拟合（F）：产生由过多段线所有顶点且彼此相切的圆弧组成的光滑曲线，如图 4-33 所示。

● 样条曲线（S）：产生过多段线的首尾顶点，形状和方向由多段线其余顶点控制的样条曲线。样条曲线的精度由变量 SPLINESEGS 控制，其值越小，曲线的曲度越低，如图 4-34 所示的图形 SPLINESEGS=8。

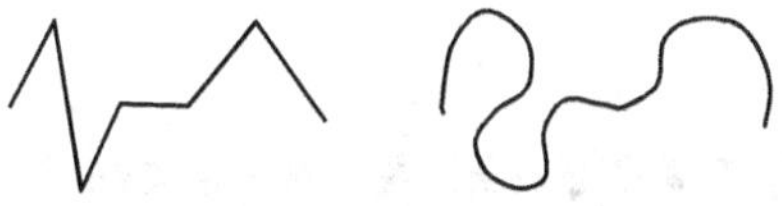

图 4-33　多段线的拟合　　　　图 4-34　多段线的样条化

● 非曲线化（D）：取消拟合或样条曲线，还原到直线状态。

● 线型生成（L）：控制虚线、点画线等非实线线型多段线交点处的连续性。如图 4-35 所示，两个大小相同的点画线线型矩形，多段线线型生成选项为"开（ON）"时如图 4-35a 所示，为"关（OFF）"时如图 4-35b 所示。

● 放弃（U）：取消最后一次编辑。

● 编辑顶点（E）：编辑多段线的各个顶点。

选择编辑顶点后，系统会在多段线的第一个顶点处显示顶点标记"×"，回车后"×"移动到下一顶点。

顶点编辑的选项内容有：

■ 下一个（N）：选择下一个顶点。

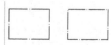

a）ON　　b）OFF

图 4-35　多段线的线型
生成编辑

- 上一个（P）：选择上一个顶点。
- 打断（B）：在指定顶点处将多段线打断为两部分，或删除指定顶点间的部分多段线。
- 插入（I）：在当前标记顶点和下一顶点间插入一个指定顶点。
- 移动（M）：将当前标记顶点移动到新的位置。
- 重生成（R）：重新生成多段线，观察编辑效果。
- 拉直（S）：将指定两顶点之间所有顶点删除，以直线连接两指定顶点。
- 切向（T）：在当前标记顶点处设置切线方向，控制曲线拟合。
- 宽度（W）：分别设置当前标记顶点和其下一顶点的线宽。
- 退出（X）：结束顶点编辑，返回多段线编辑状态。

5. 说明

（1）进行顶点编辑时，顶点的顺序由绘制多段线时的先后顺序来确定。

（2）在多段线合并选取对象时，采用默认窗口（从右向左拉窗口）方式更快捷。

（3）二维和三维多段线、矩形和正多边形以及三维多边形网格都是多段线的变形，并且都可用 PEDIT 命令去编辑。

4.6.2 多线编辑（MLEDIT）

1. 功能 对利用多线（MLINE）命令绘制的多线进行编辑。

可以增加或删除多线顶点；控制多线相交的连接方式；控制多线的打断和结合。

2. 执行方式

（1）下拉菜单："修改"→"对象"→"多线"。

（2）命令行：MLEDIT↙。

3. 操作过程

任务 4-28 将图 4-36a 中三段墙线在 A、B 相交处改为图 4-36b 所示的样式。

启动命令，屏幕出现图 4-37 所示"多线编辑工具"对话框。选取 田，单击"确定"按钮，系统提示：

命令：_mledit

选择第一条多线：（用鼠标选取 A 处竖直多线右侧的水平多线上一点，确定第一条要编辑的多线）

选择第二条多线：（用鼠标选取 A 处竖直多线，确定第二条要编辑的多线，完成 A 处编辑）

选择第一条多线或 [放弃(U)]：（用鼠标选取 B 处水平多线下侧的竖直多线上一点，确定第一条要编辑的多线）

选择第二条多线：（用鼠标选取 B 处水平多线，确定第二条要编辑的多线，完成 B 处编辑）

选择第一条多线或 [放弃(U)]：↙（回车结束命令）

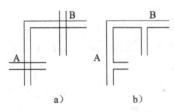

a)   b)

图 4-36 多段线的线型生成编辑   图 4-37 "多线编辑工具"对话框

土木工程 CAD

4．说明

（1）"多线编辑工具"对话框，显示了编辑多线的 12 种形式。

（2）多线编辑的结果与多线的选取位置有关。

（3）当平行多线使用单个剪切或全部剪切后，仍为多线，只是显示为断开状态。

上 机 练 习

 练习 4-1 运用所学命令绘制下列图 4-38 所示的图形。

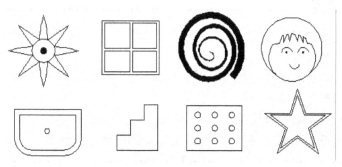

图 4-38 练习 4-1

 练习 4-2 绘制附录 A 某砖混结构建筑施工图中的平面图、立面图和剖面图。

提示：利用第 3 章绘图命令并主要结合本章的编辑命令（如偏移、复制、修剪、阵列、拉伸等命令）绘图。注意绘图比例的确定。

第5章 | 图形管理功能及常用工具

学习要点 ••

- ⊕ 设置线型
- ⊕ 设置线宽
- ⊕ 利用图层绘图
- ⊕ 利用图块绘图
- ⊕ 利用外部参照绘图
- ⊕ 利用 AutoCAD 的一些常用工具来进行个性化设置

••

按照国家对建筑制图相关标准的规定，图线的形式有：粗实线、细实线、细点画线、虚线、波浪线等（见第 8 章），在绘图时用线型来区分图形对象，就需要在绘图前对线型进行设置。

5.1 线型（LINETYPE）

5.1.1 设置线型

1. **功能** 在当前文件中加载并设置各种线型。

2. **执行方式**

（1）下拉菜单："格式"→"线型"。

（2）命令行：LINETYPE（LT）✓。

（3）利用"对象特性管理器"中的"线型"下拉列表。

（4）利用"图层特性管理器"中的"线型"设置。

3. **操作过程**

‐ ‐

 任务 5-1 绘制点画线，如图 5-1 所示。　　　　　　图 5-1　点画线

启动命令，系统提示：

> **命令：_linetype**

弹出"线型管理器"对话框，如图 5-2 所示。

单击"加载"按钮，打开"加载或重载线型"对话框，如图 5-3 所示，从"可用线型"列表框中选择需要加载的"ACAD_ISO04W100"线型，单击"确定"按钮，返回"线型管理器"对话框。这时"线型管理器"对话框中就增加了"ACAD_ISO04W100"线型，如图 5-4 所示。

图 5-2 "线型管理器"对话框

图 5-3 "加载或重载线型"对话框

图 5-4 "线型管理器"对话框

选择"ACAD_ISO04W100"线型,单击"当前"按钮,再单击"确定"按钮,返回绘图窗口。启动绘制直线命令,即可绘制出图 5-1 所示点画线。

> **提示**
>
> 1. 加载线型不等于选择线型,加载了线型后再选择,该线型才能在相应的图层中得到使用。
> 2. 利用"格式"下拉菜单和 LINETYPE 命令仅仅可以加载并在当前图层中使用某种线型;利用图层特性管理器可以对任意图层设置线型;利用对象特性管理器可以对任意图形对象设置线型。

5.1.2 设置线型比例 (LTSCALE)

1. 功能 改变非连续线的外观。

2. 执行方式

(1) 下拉菜单:"格式"→"线型"。

(2) 命令行:LTSCALE (LTS) ✓。

3. 操作过程

(1) 单击"格式"下拉菜单→"线型",打开"线型管理器"对话框,单击"显示细节"按钮,展开"详细信息"选项组,如图 5-5 所示,在"全局比例因子"文本框中输入合适的比例进行调整,直至绘图窗口上的线型符合要求为止。

（2）在命令行输入命令 LTSCALE 或 LTS，回车，输入合适的比例因子进行调整。

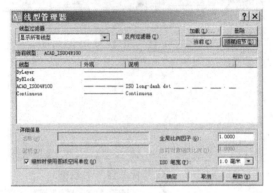

图 5-5 “线型管理器”对话框

提示

线型比例的数值没有定数，在调整时需用试错法不断调试，直至线型的显示满足要求为止。

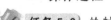

5.2 线宽（LINEWEIGHT）

5.2.1 线宽的概念与用途

线宽即线条的宽度。在建筑工程图中，以不同的线宽表示不同的构件类型，可提高图形的表达能力和可读性。

5.2.2 线宽的设置

1．执行方式

（1）下拉菜单：“格式”→“线宽”。

（2）命令行：LINEWEIGHT（LW）↙。

（3）利用“图层特性管理器”。

（4）利用“对象特性管理器”中的“线宽”下拉列表。

2．操作过程

任务 5-2 绘制一条线宽为 0.50mm 的点画线，如图 5-6 所示。

（1）下拉菜单方式：单击“格式”下拉菜单→“线宽”，打开“线宽设置”窗口，如图 5-7 所示。

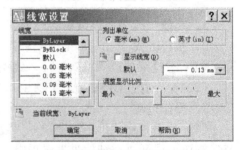

图 5-6 宽为 0.50mm 的点画线

图 5-7 “线宽设置”对话框

在“线宽设置”对话框中，各主要选项的含义如下：

- "线宽"列表框：用于选择线条的宽度。
- "列出单位"选项组：用于设置线宽的单位，可以是毫米，也可以是英寸。
- "显示线宽"复选框：用于设置是否按照实际线宽来显示图形。
- "默认"下拉列表：用于设置默认线宽值，即取消勾选"显示线宽"复选框后显示的宽度。
- "调整显示比例"选项组：移动其中的滑块，可以设置线宽的显示比例。

在"线宽"列表框中，单击"ByLayer"或"默认"，然后在"默认"下拉列表中选择"0.50mm"，即可将 0 层上默认线条宽度改为 0.50mm；也可在"线宽"列表框中选择"0.50 毫米"，勾选"显示线宽"复选框，再单击"确定"按钮返回绘图窗口，即可绘制线宽为 0.50mm 的线条。

（2）命令行：LW✓，打开"线宽设置"对话框，重复上面的步骤即可。

（3）"图层"工具栏：单击"图层特性管理器"按钮，打开"图层特性管理器"对话框，如图 5-8 所示，单击"线宽"下方的"默认"，打开"线宽"对话框，如图 5-9 所示，选择"0.50 毫米"，单击"确定"按钮。

（4）利用"对象特性管理器"：先在屏幕上任意绘制一条直线，并选中该直线。单击"对象特性"按钮，弹出"特性"对话框，在"线宽"下拉列表中选择"0.50 毫米"即可。

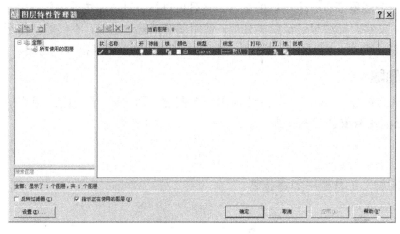

图 5-8 "图层特性管理器"对话框

图 5-9 线宽选择对话框

👉 提示

1. 设置好线宽后，还需要打开绘图辅助工具中的"线宽"，所设置的线宽才能显示出来。

2. 利用"格式"下拉菜单和 LINEWEIGHT 命令是对当前文件中所有的线条设置线宽，用"图层特性管理器"可以只针对某一个图层设置线宽，利用"对象特性管理器"则可以对任意单个的图形对象设置线宽。

5.2.3 线宽的修改

1. 执行方式

（1）下拉菜单："格式"→"线宽"。

（2）命令行：LINEWEIGHT（LW）✓。

（3）利用"图层特性管理器"修改。

（4）利用"对象特性管理器"修改。

2．操作过程

任务5-3 将图5-6中点画线的宽度改为0.30mm。

（1）用"图层"工具栏修改。单击"图层特性管理器"按钮，打开"图层特性管理器"对话框，单击 ▬0▬，打开"线宽"对话框，选择"0.30毫米"，单击"确定"按钮。

（2）用"对象特性管理器"修改。双击需要修改线宽的线条，然后在"特性"对话框中单击"线宽"下拉列表，选择"0.30毫米"。

下拉菜单和命令行输入命令的操作方法同"设置线宽"。

5.3 图层（LAYER）

5.3.1 图层的概念与用途

图层是 AutoCAD 中一个极为重要的图形组织工具，类似于用叠加的方法来存放一幅图形的信息。可以把图层想象成透明的纸，在不同的透明纸上画出一幅图形的不同部分，重叠起来就是一幅完整的图形。每一个图层都有一个自己的名字，并且可以被打开、冻结或关闭。用户可以通过图层对图形对象、文字、标注等进行归类处理，使用图层来管理它们，不仅能使图形的各种信息清晰、有序，便于观察，而且也会给图形的编辑、修改和输出带来很大的方便。

5.3.2 图层的创建与删除

1．创建图层 在默认情况下，AutoCAD 自动创建一个图层，即"0"层。如果用户使用图层来管理自己的图形，就需要创建新图层。

（1）执行方式

1）下拉菜单："格式"→"图层"。

2）工具栏：单击"图层"工具栏中的 按钮。

3）命令行：LAYER（LA）↙。

（2）操作过程

命令：LAYER↙

启动命令后，系统弹出"图层特性管理器"对话框，如图5-10所示。

单击"新建图层"按钮 ，添加名为"图层1"的新图层。

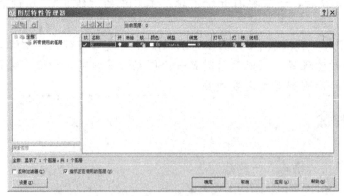

图5-10 "图层特性管理器"对话框

默认情况下，新建图层与当前图层的状态、颜色、线型及线宽等设置相同，连续单击"新建图层"按钮，依次可以创建名为"图层2"、"图层3"等新图层，如图5-11所示。

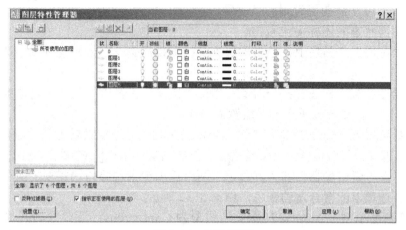

图5-11　新建图层

☞提示 ·······
为了便于识别图层，单击"图层名称"，可以对图层名称进行修改。

2．**删除图层**　打开"图层特性管理器"，在需要删除的图层状态图标上单击，选中该图层，然后选择"图层删除"按钮✕，即可将该图层删除。

☞提示 ·······
在AutoCAD2008中，不能删除的图层为："0"层和"DEFPOINTS"层、当前图层、包含对象图层、依赖外部参照的图层。

5.3.3　图层状态的设置与修改

1．**图层的关闭与打开**　在"图层特性管理器"对话框中，或在"图层"工具栏上单击图层列表的下拉箭头，单击图层列表中的"开关"按钮💡，可以将图层关闭或打开。

图层被关闭后，该图层上的图形是不可见的，并且不能被打印；当图层被打开后，该图层上的图形可见，并且能够被打印。

2．**图层的冻结与解冻**　在"图层特性管理器"对话框中，或在"图层"工具栏上单击图层列表的下拉箭头，单击图层列表中的"冻结/解冻"按钮○，可以对图层进行冻结和解冻操作。

图形被冻结后，该图层上的图形不可见、不能重生成，也不能被打印。

3．**图层的锁定和解锁**　在"图层特性管理器"对话框中，或在"图层"工具栏上单击图层列表的下拉箭头，单击图层列表中的"锁定/解锁"按钮🔒，可以对图层进行锁定和解锁操作。

图形被锁定后，该图层上的图形可见、能被打印，但不能被编辑、修改。

5.3.4　图层的属性设置与修改

1．**设置当前图层**　所有AutoCAD绘图工作只能在当前图层进行，设置当前图层的方法如下：

（1）在"图层特性管理器"对话框中，选择需要设置为当前层的图层，单击"置为当前"按钮，即可将该图层设置为当前层。

（2）在图层状态的图标 上双击。

（3）在"图层"工具栏上，单击图层列表的下拉箭头，打开图层列表，选择要置为当前的图层。

（4）在绘图区域中，选择某一对象，单击"图层"工具栏上的"将对象的图层置为当前"按钮，即可将该对象所在的图层置为当前。

2．**设置图层颜色**　AutoCAD 默认的图层颜色为白色，若要设置为其他颜色，需要先打开"图层特性管理器"对话框，在需要改变颜色的图层上单击 白 图标，打开"选择颜色"对话框，可以在"索引颜色"和"真彩色"两个选项卡中选择自己需要的颜色，或者利用"配色系统"选项卡配置合适的颜色，如图 5-12 所示。

3．**设置图层线型**　AutoCAD 默认的线型为 Continuous，若要绘制其他线型，必须要先加载该种线型。在需要的图层上单击 Contin... 图标，弹出"选择线型"对话框，如图 5-13 所示。

单击"加载"按钮弹出"加载或重载线型"对话框，在"可用线型"列表中，选择需要的线型，单击"确定"按钮，返回"选择线型"对话框，再选择需要的线型，单击"确定"按钮即可。

4．**设置图层线宽**　AutoCAD 默认的线宽为 0.13mm，若要改变图层的线宽，首先打开"图层特性管理器"对话框，在需要的图层上单击 默认 图标，弹出"线宽"对话框，如图 5-14 所示，在"线宽"列表中选择合适的线宽，再单击"确定"按钮即可。

5．**设置图层打印状态**　图层的打印状态决定了该图层上的对象是否被打印输出，AutoCAD 默认的是打印，若图层上的对象不需要打印输出，则在"图层特性管理器"对话框中单击该图层上的 图标，将其修改为不打印状态，该图层上的对象便不会被打印输出。

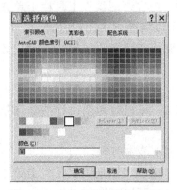
图 5-12　"选择颜色"对话框

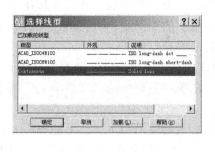
图 5-13　"选择线型"对话框

图 5-14　"线宽"对话框

5.4　图块（BLOCK）

图块，简称"块"，是 AutoCAD 为用户提供的管理图形的重要功能之一。很多图形元素需要大量重复应用，如果每次都从头开始设计和绘制，不仅费时，而且也不必要，

AutoCAD 可以将逻辑上相关联的一系列图形对象定义成一个整体，称之为"块"。

块实际上是在图形文件中定义了一个块的库，插入块相当于调用库中的定义并显示出来。因此，如果图形中多次插入了同一个块，并不会显著增加图形文件的大小。

5.4.1　图块的创建（BLOCK）

1．执行方式：

（1）下拉菜单："绘图"→"块"→"创建"。

（2）工具栏：单击"绘图"工具栏中的 按钮。

（3）命令行：输入 BLOCK（B）✓。

2．操作过程

 任务5-4　将 定义为块"jd"。

命令：B✓

打开"块定义"对话框，如图5-15所示。在"名称"下拉列表中输入"jd"；勾选"对象"选项组的"在屏幕上指定"复选框；单击"选择对象"前的 按钮，回到绘图窗口选择图形 ，回车，返回"块定义"对话框。单击"确定"按钮，完成块的创建。

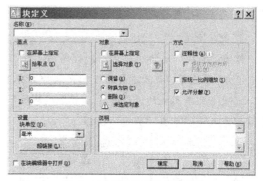

图 5-15　"块定义"对话框

3．"块定义"对话框各选项含义

（1）"名称"下拉列表：输入需要创建块的名称。

（2）"基点"选项组：选择所创建块的插入基点。有 3 种方式：勾选"在屏幕上指定"复选框，再单击"确定"按钮，回到绘图窗口上选择；单击"拾取点"按钮 ，可直接返回绘图窗口选择；也可以在 X、Y、Z 坐标文本框中输入点的坐标确定基点。若用户不指定基点，则系统将原点默认为基点。

（3）"对象"选项组：选择需要定义为块的图形。有 3 种选择方式：在屏幕上指定、选择对象和快速选择。勾选"在屏幕上指定"复选框，再单击"确定"按钮，可返回绘图窗口上选择对象；单击"选择对象"前面的 按钮，可直接回到绘图窗口中选择图形，单击"快速选择"按钮 ，可将具有相同性质的图形批量选中。

● "保留"单选框：指将被创建成块的图形保留。

● "转换为块"单选框：指将当前文件中的图形也转换为块。

● "删除"单选框：指将当前文件中的图形删除。

（4）"方式"选项组

● "注释性"复选框：可以在图块中输入注释性信息。

● "按统一比例缩放"复选框：插入创建的图块时，图块在 X、Y 方向上按统一比例缩放。

● "允许分解"复选框：插入所创建的图块时，将图块分解成单独的实体，否则插入的图块将作为一个整体存在。

（5）"设置"选项组

- "块单位"下拉列表：单击"块单位"下面的下拉列表箭头，选择需要的图形单位。
- "超链接"按钮：在所创建的图块上设置超链接。

5.4.2 图块的保存（WBLOCK）

保存图块也称为写块，图块被创建后，只能在当前文件中被引用，但不能被其他文件引用，保存后的图块才能被其他文件引用。

1．功能 可将当前指定图形或已定义过的图块作为一个独立的图形文件存盘。

2．执行方式

命令行：WBLOCK(W) ✓

3．操作过程

 任务 5-5 保存前面所创建的图块 "jd"。

命令：W✓

图 5-16 "写块"对话框

弹出"写块"对话框，如图5-16所示。在"源"选项组，单击"块"单选框，激活右面的下拉列表并选择"jd"；在"目标"选项组选择图块的保存路径，"插入单位"下拉列表中选择"毫米"，单击"确定"按钮。

4．"写块"对话框各选项含义

（1）"源"选项组

- "块"单选框：指已经定义过的块。
- "整个图形"单选框：指将当前文件中的所有图形都保存成块。
- "对象"单选框：指将当前文件中的某个图形保存成块。

（2）"基点"选项组：单击"拾取点"按钮■可返回绘图窗口中用鼠标单击选择基点，或者在坐标文本框中输入 X、Y、Z 坐标来选择基点。

（3）"对象"选项组：其含义和操作与"块定义"对话框中的相同，这里不再赘述。

💡 **提示**
- - - - - -
若写块的源对象是已经定义的块，则在写块时不用重复指定基点和对象。

5.4.3 图块的插入（INSERT）

1．执行方式

（1）下拉菜单："插入" → "块"。

（2）工具栏：单击"绘图"工具栏中的■按钮。

（3）命令行：INSERT（I）✓。

2．操作过程

 任务 5-6 新建文件 "drawing2.dwg"，将图块 "jd" 插入其中。

单击"标准"工具栏上的"新建"按钮■，建立文件 "drawing2.dwg"。

命令：I✓

土木工程 CAD

弹出"插入"对话框，如图 5-17 所示。单击"名称"下拉列表旁边的"浏览"按钮，选择"jd"图块；单击"确定"按钮返回绘图窗口，这时光标变成了带有插入图块形状 的十字形。

系统提示：

指定插入点或[基点(B)/比例(S)/X/Y/Z/旋转(R)]：（在屏幕上合适的地方单击）

图块"jd"被插入文件"drawing2.dwg"中。

图 5-17 "插入"对话框

3．"插入"对话框各选项含义

● "名称"下拉列表：输入要插入图块的名称，可以单击下拉箭头，选择需要插入的块名，或者单击"浏览"按钮，选择保存过的图块文件。

● "插入点"选项组：可以在屏幕上指定，或者在坐标文本框中输入插入点的坐标。

● "比例"选项组：指插入的图形在新文件中的缩放比例，可以在屏幕上指定，也可以在坐标文本框中分别输入 X、Y、Z 坐标的缩放比例，若 3 个方向的缩放比例相同，则勾选"统一比例"复选框。

● "旋转"选项组：指插入的图形在新文件中的旋转角度，如果需要旋转，则在"角度"文本框中输入旋转的角度，或者勾选"在屏幕上指定"复选框来给出插入图形的旋转角度。

● "分解"复选框：指将插入的图块在新文件中被分解，如果需要分解，则勾选"分解"复选框。

4．举例

任务5-7 在新建文件中插入图块"jd"。要求：旋转45°，统一插入比例，在新文件中被分解。

命令：I✓

弹出"插入"对话框。在"名称"下拉列表中输入"jd"，勾选"插入点"选项组中的"在屏幕上指定"复选框，勾选"分解"复选框，勾选"统一比例"复选框，在"旋转"选项组的"角度"文本框中输入 45，再单击"确定"按钮。

这时光标指针变成了一个带有插入图形的十字形，在绘图窗口上选择好插入点后单击即可。

5.4.4 图块的分解

插入当前文件中的图块是一个整体，无法对其进行编辑。如需对其编辑则可用分解命令 EXPLODE，也可以在"插入"对话框勾选"分解"复选框，将块由一个整体分解为组成块的原始图线。

5.4.5 图块的重定义与修改

1．图块的重命名（RENAME）

（1）执行方式

1）下拉菜单："格式"→"重命名"。

2）命令行：RENAME✓。

（2）操作过程

命令：RENAME✓

弹出 "重命名" 对话框，如图 5-18 所示。在 "项目" 列表中选择 "jd"，或者在 "旧名称" 文本框中输入 "jd"。在 "重命名" 文本框中输入 "截断线"，单击 "确定" 按钮。

块 "jd" 的名称便改为了 "截断线"，但是新名称只存在于当前图形中，若要保留新名称，需执行保存图块命令。

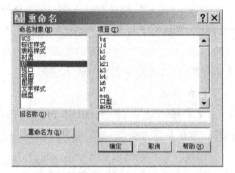

图 5-18　图块 "重命名" 对话框

2. 图块的重定义

（1）执行方式：将分解后的块编辑修改后重定义成同名块，这样块库中的定义就会被修改，再次插入这个块的时候，会变成重新定义好的块。

重新执行创建块命令，选择块列表中的已有块名进行创建即可实现重定义块，并非一定要使用分解后的块进行重定义，可以使用全新的图形进行重定义。

（2）操作过程

任务 5-9 将块 "截断线" 中的图形重定义为轴线圈。

命令：B✓

弹出 "块定义" 对话框，在 "名称" 下拉列表中选择 "截断线"，在 "对象" 选项组单击 "选择对象" 按钮，回到绘图窗口上选择上轴线圈，回车。

单击 "确定"，回到绘图窗口上选择基点，即可将 "截断线" 的图形换成轴线圈。

3. 图块的在位编辑（REFEDIT）

（1）功能：在保证块不被打散的前提下，像编辑普通对象一样，直接编辑块中的对象，它将 "块" 的运用进一步扩展和升华。

（2）执行方式

1）下拉菜单："工具" → "外部参照和块在位编辑" → "在位编辑参照"。

2）命令行：REFEDIT✓。

（3）操作过程

任务 5-10 将块 "截断线" 中的圆的直径缩小 100 个单位。

命令：I✓

在弹出的 "插入" 图块的对话框中，选择 "截断线" 插入当前文件。

命令：REFEDIT✓

选择参照：（选择需要编辑的块）

选择刚才插入的图块。系统弹出 "参照编辑" 对话框，如图 5-19 所示。

单击 "确定" 按钮，回到绘图窗口上。这时绘图窗口上会出现 "参照编辑" 工具栏，如图 5-20 所示。选择轴线圈中的圆，将其直径缩小 100 个单位。单击 "保存参照编辑" 按钮，弹出如图 5-21 所示的对话框。

单击 "确定" 按钮，即可完成对图块 "截断线" 的修改。

图 5-19 "参照编辑"对话框　　图 5-20 "参照编辑"工具栏　　图 5-21 保存参照编辑

5.4.6 图块的属性

图块的属性是附属于图块的文本信息，是图块的组成部分。如果定义了带有属性的图块，当插入带有属性的图块时，可以交互地输入图块的属性。对图块进行编辑时，包含在图块中的属性也将被编辑。例如当绘制轴线圈时，希望能够同时输入轴线编号，未定义属性的图块做不到这一点；如果把它定义成带有编号属性的图块，则每次插入时，就可以实现同步输入轴线编号。

图块的属性包括属性标记和属性值两方面的内容，如属性标记定义为"编号"，则属性值就是具体的编号。在定义一个图块时，属性必须预先定义，然后和图形共同定义成图块。通常属性在图块的插入过程中进行自动注释。

1．定义图块的属性

（1）执行方式

1）下拉菜单："绘图"→"块"→"定义属性"。

2）命令行：ATTDEF（ATT）✓。

（2）操作过程

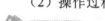 **任务 5-11** 创建带属性的图块"轴线圈"，其属性为编号，并将该图块插入当前文件中。

先绘制一个直径为 1000 的轴线圈，然后在命令行输入 ATT 并回车，弹出"属性定义"对话框，如图 5-22 所示。

在"标记"文本框中输入"BH"，在"提示"文本框中输入"轴线编号"，在"文字样式"下拉列表中选择"数字"，在"文字高度"文本框中输入"700"，单击"确定"按钮。

系统提示：

指定起点：（单击轴线圈的中心位置，结束命令）

命令：B✓

弹出"块定义"对话框，在"名称"文本框中输入"轴线圈"，选择对象时将轴线圈和"BH"全部选中。

命令：I✓

弹出"插入"对话框，选择"轴线圈"，单击"确定"。

系统提示：

指定插入点或[基点(B)/比例(S)/旋转(R)]：（在屏幕合适的位置单击）

指定比例因子<1>：✓

输入属性值

轴线编号：1✓（绘出带有编号的轴线圈，如图 5-23 所示）

图 5-22　"属性定义"对话框

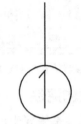

图 5-23　带有编号的轴线圈

（3）对话框中各选项含义

1）"模式"选项组

● "不可见"复选框：指插入图块时不显示或打印属性值。

● "固定"复选框：在插入图块时赋予属性固定值。

● "验证"复选框：插入图块时提示验证属性值是否正确。

● "预置"复选框：插入包含预置属性值的图块时，将属性值设置为默认值。

● "锁定位置"复选框：锁定块参照中属性的位置，解锁后，属性可以相对于使用夹点编辑的图块的其他部分移动，并且可以调整多行属性的大小。

● "多行"复选框：指定属性值可以包含多行文字，选定此选项后，可以指定属性的边界宽度。

2）"属性"选项组

● "标记"文本框：用来输入属性标记，可使用任何字符组合（空格及感叹号除外），此项为必填项。

● "提示"文本框：用来输入属性提示信息，设定该项后，插入图块时命令行将会出现提示用户输入属性值的属性提示信息。

● "默认"文本框：指定默认的属性值，可以把使用次数较多的属性值作为默认值，此项也可不设置。

3）"插入点"选项组：用于指定属性文本的位置，可以直接输入坐标值，也可以在插入属性图块时由用户在图形中确定属性文本的位置。

4）"文字设置"选项组：用来设置文本的对齐方式、文本样式、字高和旋转角度。

2．编辑图块属性

（1）执行方式

1）下拉菜单："修改"→"对象"→"属性"→"块属性管理器"。

2）命令行：BATTMAN✓。

（2）操作过程

　任务 5-12　将图块"轴线圈"中数字"1"的线宽改成 0.3mm。

命令：BATTMAN✓

弹出"块属性管理器"对话框，如图 5-24 所示。

单击"编辑"按钮，弹出"编辑属性"对话框，如图 5-25 所示。

图 5-24 "块属性管理器"对话框

图 5-25 "编辑属性"对话框

单击"特性"选项卡，在"线宽"下拉列表中选择"0.30mm"，单击"确定"按钮，如图 5-26 所示。

返回"块属性管理器"对话框，单击"确定"按钮。

此时绘图窗口上已经插入的轴线圈中的数字 1 的线宽已经改为 0.30mm，如图 5-27 所示。

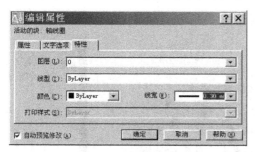

图 5-26 "特性"选项卡

图 5-27 数字"1"线宽为 0.30mm 的轴线圈

（3）"块属性管理器"对话框中各选项含义

● "选择块"按钮：单击 按钮返回绘图窗口上选择图块。

● "块"下拉列表：在下拉列表中选择图块。

● "同步"按钮：绘图窗口上已经插入的图块被同步修改。

● "编辑"按钮：编辑图块属性。

● "设置"按钮：单击此按钮，弹出"块属性设置"对话框，设置图块在列表中显示的属性，如图 5-28 所示。

图 5-28 "块属性设置"对话框

5.5 外部参照（EXTERNALREFERENCES）

5.5.1 外部参照的概念

外部参照是一个被附加到当前图形中的图形，相当于将整个图形当作块插入。当用户打开或打印包含外部参照的图形文件时，系统将自动重新加载外部参照的最新版本，以保证当前图形文件最新。同一个外部参照可同时被附着到多个图形中，同样，也可以在一个图形中附着多个外部参照。图形中附着的外部参照的保存路径可以是完全指定的绝对路径，也可以是部分指定的相对路径，或者不设置保存路径。

要注意的是，外部参照必须是模型空间对象。在插入外部参照时，可指定插入的比例、位置和旋转角度以附着指定的外部参照。在附着外部参照时，其图层、线型、文字样式与其他属性不会附加到当前的图形。可以作为外部参照的文件有 dwg、dwf、dgn 以及光栅图像等多种类型。

附着外部参照的方式有两种：

1．附加型外部参照　这是一种包含链接到源文件的可插入图形，附加的同时可以包含其他嵌套的参照。在附着外部参照的时候，文件中任意一种嵌套参照仍然显示在当前图形中。

2．覆盖型外部参照　这也是一种包含链接到源文件的可插入图形，覆盖型外部参照将覆盖掉原来的图形。

5.5.2　外部参照的插入

1．执行方式

（1）下拉菜单："插入"→"外部参照"。

（2）命令行：XREF↙。

2．操作过程

 任务 5-13　将文件"zbz"作为外部参照插入当前文件中。

命令：XREF↙

图 5-29　"外部参照"对话框

弹出"外部参照"对话框，如图 5-29 所示。单击"附着"按钮 中的下拉箭头，选择"附着 DWG"，弹出"选择参照文件"对话框，如图 5-30 所示，选择"zbz.dwg"文件，单击"打开"按钮。弹出"外部参照"对话框，如图 5-31 所示。

在"参照类型"选项组，根据需要选择"附着型"或"覆盖型"。其他可用默认设置或根据需要设定，单击"确定"按钮。

系统提示：

指定插入点或[比例(S)/X/Y/Z/旋转(R)/预览比例(PS)/PX/PY/PZ/预览旋转(PR)]：（单击绘图窗口中合适的位置）

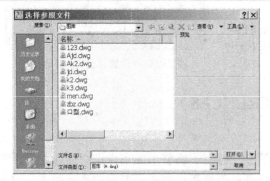

图 5-30　"选择参照文件"对话框

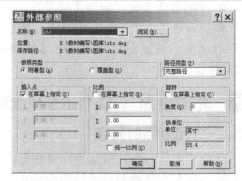

图 5-31　"外部参照"对话框

5.5.3 外部参照的绑定

由于使用外部参照插入的图形文件信息并不直接加入到主图形中，主图形只是记录参照的关系，因此，当用户分发或传递文件时，就会出现无法显示参照的错误信息。如果使用外部参照的绑定功能，就可以解决此问题。绑定外部参照有两种方法：绑定和插入。

1．**绑定** 将选定的外部参照绑定到当前图形。在这种情况下，将为绑定到当前图形中的所有外部参照相关定义表创建唯一的命名对象。

2．**插入** 用插入参照图形的方法，将外部参照绑定到当前图形中。对于插入的图形，如果内部命名对象与绑定的外部参照依赖命名对象具有相同的名称，符号表中不会增加新的名称，绑定的外部参照依赖命名对象采用本地定义的命名对象的特性。

具体方式为：将所需参照插入当前文件后，在"外部参照"窗口中右击已经插入的外部参照，弹出快捷菜单，选择"绑定"，进入"绑定外部参照"对话框，如图 5-32 所示，选择"绑定"或"插入"，单击"确定"按钮即可。

图 5-32 "绑定外部参照"对话框

5.5.4 外部参照的修改

在"外部参照管理器"中右击已经插入的外部参照，弹出的快捷菜单中，除了"绑定"以外，还有"拆离""重载"和"卸载"。

1．**拆离** 从列表中删除选定的外部参照。当前图形文件中相应的外部参照也被删除。对于直接附着或覆盖到当前图形中的外部参照可采用此方式删除，但有嵌套的外部参照不可使用此方法，而且对于由另一个外部参照或块所参照的外部参照不可拆离。

2．**重载** 重新加载选取的参照，以保证该参照文件的最新版本，重载后，该参照的状态更改为"重载"。

3．**卸载** 卸载选定的外部参照。已卸载的外部参照可以很方便地重新加载。与拆离不同，卸载不是永久地删除外部参照，它仅仅是不显示和重生成外部参照定义，这有助于提高当前应用程序的运行速度。

5.6 AutoCAD 常用工具

5.6.1 绘图次序（DRAWORDER）

1．**功能** 绘图次序影响屏幕上重叠图形的显示顺序，也影响图形的打印，但是不影响图形的实质。绘图次序有 4 种，分别为：前置、后置、置于对象之上和置于对象之下。

（1）前置：将图形置于其他所有图形的上面。

（2）后置：将图形置于其他所有图形的下面。

（3）置于对象之上：将图形置于某个图形上面。

（4）置于对象之下：将图形置于某个图形下面。

2．**执行方式**

（1）下拉菜单："工具"→"绘图次序"→"前置"/"后置"/"置于对象之上"/"置于对象之下"。

（2）命令行：DRAWORDER↙。

3．举例

如图 5-33a 所示直线在矩形的上方，选中直线，单击"后置"按钮 ，则变成图 5-33b 所示图形。

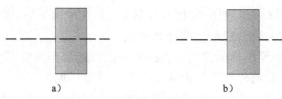

图 5-33　绘图次序的变化效果

5.6.2　查询

1．查询距离（DIST）

（1）功能：测量两点之间的距离，两点形成的线段在 XY 平面上的角度以及与 XY 平面的夹角等。

（2）执行方式

1）下拉菜单："工具"→"查询"→"距离"。

2）命令行：DIST（DI）↙。

（3）操作过程

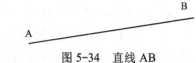

任务 5-14　查询图 5-34 中直线上 A、B 两端点间的距离。

图 5-34　直线 AB

命令：DIST↙

指定第一点：（单击 A 点）

指定第二点：（单击 B 点）

距离=117.5398，XY 平面中的倾角=13，与 XY 平面的夹角= 0

X 增量=114.6197，Y 增量=26.0371，Z 增量= 0.0000

2．查询面积（AREA）

（1）功能：计算出用户指定的一系列的点组成的多边形，或者是闭合多段线的面积和周长。还可以计算出若干个实体面积的总和，以及进行简单的面积加减运算等。

（2）执行方式

1）下拉菜单："工具"→"查询"→"面积"。

2）命令行：AREA（AA）↙。

（3）操作过程

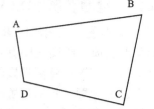

任务 5-15　查询如图 5-35 所示的任意四边形 ABCD 的面积和周长。

启动命令，系统提示：

图 5-35　任意四边形 ABCD

命令：_area

指定第一个角点或[对象(O)/加(A)/减(S)]：（单击 A 点）

指定下一个角点或按 ENTER 键全选：（单击 B 点）

指定下一个角点或按 ENTER 键全选：（单击 C 点）

指定下一个角点或按 ENTER 键全选：（单击 D 点）

指定下一个角点或按 ENTER 键全选：↙

面积 = 8654.6726，周长 = 392.3370

（4）说明：执行 AREA 命令后，命令行中显示若干个选项，如果用户不指定第一个角点，可执行其他选项。

- 对象（O）：选择由多段线构成的封闭区域。
- 加（A）：对面积进行加法运算。
- 减（S）：对面积进行减法运算。

（5）举例

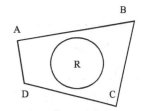

图 5-36　四边形 ABCD 和圆 R

 任务 5-16　将图 5-36 所示的四边形 ABCD 和圆 R 的面积分别进行加法和减法运算。

1）加法运算：

启动命令，系统提示：

命令：_area

指定第一个角点或[对象(O)/加(A)/减(S)]：A↙

指定第一个角点或[对象(O)/减(S)]：（单击 A 点）

指定下一个角点或按 ENTER 键全选（"加"模式）：（单击 B 点）

指定下一个角点或按 ENTER 键全选（"加"模式）：（单击 C 点）

指定下一个角点或按 ENTER 键全选（"加"模式）：（单击 D 点）

指定下一个角点或按 ENTER 键全选（"加"模式）：↙

面积=8654.6726，周长=392.3370

总面积=8654.6726

指定第一个角点或[对象(O)/减(S)]：O↙

（"加"模式）选择对象：（单击圆 R）

面积=2754.4476，圆周长=186.0468

总面积=11409.1202

（"加"模式）选择对象：↙

指定第一个角点或[对象(O)/减(S)]：↙（回车结束命令）

2）减法运算：

启动命令，系统提示：

命令：_area

指定第一个角点或[对象(O)/加(A)/减(S)]：A↙

指定第一个角点或[对象(O)/减(S)]：（单击 A 点）

指定下一个角点或按 ENTER 键全选（"加"模式）：（单击 B 点）

指定下一个角点或按 ENTER 键全选（"加"模式）：（单击 C 点）

指定下一个角点或按 ENTER 键全选（"加"模式）：（单击 D 点）

指定下一个角点或按 ENTER 键全选（"加"模式）：↙

面积=8654.6726，周长=392.3370

总面积=8654.6726

指定第一个角点或[对象(O)/减(S)]：S↙

指定第一个角点或[对象(O)/加(A)]：O↙

（"减"模式）选择对象：（单击圆R）

面积=2754.4476，圆周长=186.0468

总面积=5900.2249

（"减"模式）选择对象：↙

指定第一个角点或[对象(O)/加(A)]：↙（回车结束命令）

☞ **提示**

在进行减法运算时，需要先用"加"模式选中被减对象，再进入"减"模式进行减法运算。

3．查询点坐标（ID）

（1）功能：查询指定点的坐标。

（2）执行方式

1）下拉菜单："工具"→"查询"→"点坐标"。

2）命令行：ID↙。

（3）操作方式

任务 5-17 查询图 5-35 中 A 点的坐标。

启动命令，系统提示：

命令：_id

指定点：（单击 A 点）

X=-15.7550   Y=186.8991   Z=0.0000

5.6.3　文件系统配置选项

1．功能　可以指定程序所使用的预设设置。在"选项"对话框的每个选项卡上部都将显示当前配置和当前图形。

（1）当前配置：显示当前配置的名称。若要创建新的或编辑已有的当前配置，可在"配置"选项卡中进行编辑。该值将保存在CPROFILE系统变量中。

（2）当前图形：显示当前图形文件的名称。该值储存在系统变量DWGNAME 中。随图形文件一起保存的选项只影响当前图形，保存在注册表中的选项将对所有图形有影响，保存在注册表中的选项（旁边不显示图形文件图标的选项）存储在当前配置中。

2．执行方式

1）下拉菜单："工具"→"选项"。

2）命令行：OPTIONS（OP）↙。

3．"选项"对话框中各选项卡的含义　"选项"对话框包含 10 个选项卡，分别为：文件、显示、打开和保存、打印和发布、系统、用户系统配置、草图、三维建模、选择集和配置，如图 5-37 所示。

（1）"文件"选项卡：在"文件"选项卡中，设置各种文件的储存路径，如图 5-38

所示。

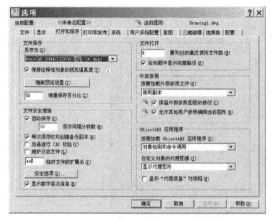
图 5-37 "选项"对话框

图 5-38 "文件"选项卡

● "搜索路径、文件名和文件位置"列表：显示或修改各种文件的保存路径。若要修改搜索路径，在路径上双击指定新的路径。默认的搜索路径包括：支持文件搜索路径、图形文件搜索路径、字体文件搜索路径、帮助文件搜索路径、外部参照文件搜索路径、菜单文件搜索路径、图案填充文件搜索路径、块文件搜索路径、临时文件保存路径、模板文件搜索路径、日志文件、模板、替换字体。其中，日志文件、模板、替换字体不显示文件位置，只显示默认设置。

● "浏览"按钮：为搜索路径中指定的文件名和文件位置，开启相对应的对话框，为指定的文件名指定新的位置或新的设置。

● "添加"按钮：为指定的文件名增加新的搜索路径。

● "删除"按钮：删除指定文件名的搜索路径或设置。

● "上移"按钮：在一个文件名对应多个搜索路径时，将选定的搜索路径移动到前一个搜索路径之上。

● "下移"按钮：在一个文件名对应多个搜索路径时，将选定的搜索路径移动到下一个搜索路径之下。

（2）"显示"选项卡：在"显示"选项卡中，设置窗口元素、布局元素、十字光标大小、显示精度、显示性能以及参照编辑的褪色度等选项，如图 5-39 所示。

1）"窗口元素"选项组：为绘图区域设置相关的窗口元素选项。

● "颜色"按钮：开启"图形窗口颜色"对话框，为主程序窗口中的界面元素指定颜色。

● "字体"按钮：开启"命令行窗口字体"对话框，设置命令行中文字的字体样式。

2）"布局元素"选项组：为布局设置相关的窗口元素选项。

● "显示可打印区域"复选框：勾选此复选框后，在布局页面设置指定打印机（也可以为无）和纸张后，绘图区会自动生成一个虚线框表示纸张的可打印区域。可以通过改变输出设备调整可打印区域的大小。在打印图形时，可打印区域外的图形不会被打印出来。

● "显示图纸背景"复选框：勾选此复选框后，在布局页面设置指定打印机（也可以为无）和纸张后，绘图区会自动显示一个与纸张大小一致的区域（默认为白色，可以自定义这个区域的颜色）。背景大小取决于图纸尺寸和打印比例。

第5章 图形管理功能及常用工具

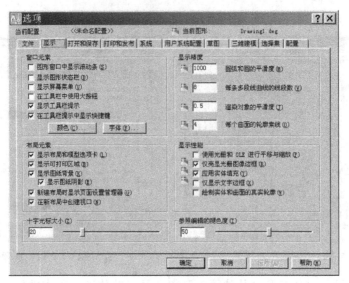

图 5-39 "显示"选项卡

● "显示图纸阴影"复选框：勾选此复选框后，纸张的底部会有阴影的效果，如果没有使用"反向打印"，阴影效果会出现在右下角，如果使用了"反向打印"，阴影效果会出现在左上角。

● "新建布局时显示页面设置管理器"复选框：勾选此复选框后，每次新建布局时，会自动弹出"页面设置管理器"对话框。

● "在新布局中创建视口"复选框：勾选此复选框后，每次新建布局时，会在布局中自动创建一个视口。

3）"十字光标大小"选项组：指定十字光标的大小，可指定的值的范围为全屏幕的1%～100%。在设定为100%时，看不到十字光标的末端。当尺寸减为99%或更小时，十字光标才有有限的尺寸，当光标的末端位于绘图区域的边界时可见。默认尺寸为5%。除此之外，还可以通过鼠标拖拽指定十字光标的大小。

4）"显示精度"选项组：设置绘制对象的显示质量。

● "圆弧和圆的平滑度"文本框：控制圆弧、圆以及椭圆等对象的平滑度。设置的值越高，对象也就越平滑，但是相对来说，系统重生成、平移和缩放等操作所耗费的时间也越多。所以在绘制时，将该选项设置为较低的值，而在渲染时增加该选项的值，从而提高性能。有效值的范围是1～20000，默认设置是1000。

● "每条多段线曲线的线段数"文本框：设置多段线曲线的线段数。设置的线段数越高，对性能的影响越大，系统重生成、平移和缩放等操作所耗费的时间也越多。有效取值范围为-32767～32767。默认设置为8。

● "渲染对象的平滑度"文本框：设置着色和渲染曲面实体的平滑度。"渲染对象的平滑度"的值乘以"圆弧和圆的平滑度"的值可用来确定如何显示实体对象。设置的值越大，显示性能越差，渲染时间也越长。有效值的范围为0.01～10，默认值是0.5。

● "每个曲面的轮廓素线"文本框：为对象上每个曲面指定轮廓素线数目，有效取值范围为0～2047。数目越多，显示性能越差，渲染时间也越长，默认设置是4。

5)"显示性能"选项组:设置系统的显示性能选项。

● "使用光栅和 OLE 进行平移和缩放"复选框:在使用PAN和ZOOM平移和缩放光栅图像时,设置光栅图像的显示是内容还是轮廓。勾选此复选框后,重定位原始图像时图像的副本随着光标移动。取消勾选此复选框可优化性能。

● "仅亮显光栅图像边框"复选框:打开或关闭指示光栅图像或图像边框选择的亮显,只亮显图像边框可以提高机器性能。

● "应用实体填充"复选框:控制是否以实体填充的形式来显示对象,受FILL命令影响的对象包括图案填充(含实体填充)、二维实体、宽多段线及宽线。要想使此设置生效,必须使用REGEN或REGENALL重新生成图形。取消勾选此复选框可优化性能。

● "仅显示文字边框"复选框:显示文字对象的边框而不显示文字对象。在勾选或取消勾选此复选框之后,必须使用REGEN更新显示,勾选此复选框可以优化性能。

6)"参照编辑的褪色度"选项组:指定在位编辑参照的过程中对象的褪色度值,设置的值将储存在XFADECTL系统变量中。有效值的范围从0%~90%,默认设置是50%。

(3)"打开和保存"选项卡:设置文件打开和保存时的相关选项,如图5-40所示。

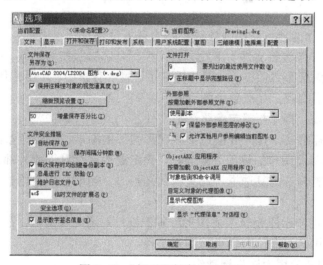

图 5-40 "打开和保存"选项卡

1)"文件保存"选项组

● "另存为"下拉列表:在下拉列表中选择并设置文件保存的默认格式。此时选定的文件格式是用SAVE、SAVEAS和QSAVE保存所有图形时的默认格式。

● "保存注释性对象的视觉逼真度"复选框:勾选此复选框,将在"选择文件"对话框的"预览"区域中显示该图形的图像。

● "增量保存百分比"文本框:控制图形文件中所允许耗损的空间总量。当到达指定的百分比时,系统将执行一次完全保存而不是增量保存,完全保存将消除浪费的空间。当"增量保存百分比"为0时,每次保存都是完全保存。

增量保存会增加图形的大小,但在一般情况下,为了避免性能的降低,增量值不要设置得太低。若过低,系统将频繁地执行耗时的完全保存。默认情况下,可将此值设置为50。如果硬盘空间不足,请将此值设置为25。

2）"文件安全措施"选项组：为了避免数据丢失，设置文件的自动保存时间以及保存时创建备份文件等措施。

● "自动保存"复选框：勾选此复选框后，将以指定的时间间隔自动保存图形文件。

● "保存间隔分钟数"文本框：设置自动保存文件的时间间隔，时间单位为分钟。

● "每次保存时均创建备份副本"复选框：勾选此复选框，将在每次保存图形时创建图形的备份副本。创建的备份文件保存位置和图形文件相同。

● "维护日志文件"复选框：将系统中的文本窗口的内容写入日志文件，用户可通过日志文件查看每天的工作内容。

● "临时文件的扩展名"文本框：指定临时文件的扩展名。默认的扩展名是"ac$"。

● "安全选项"按钮：为文件设置数字签名或密码。

3）"文件打开"选项组

● "要列出的最近使用文件数"文本框：在"文件"下拉菜单中显示最近使用的文件数量。数值范围为0～9。

● "在标题中显示完整路径"复选框：在标题中显示当前文件完整的保存路径，否则只显示文件名。

4）"外部参照"选项组：控制外部参照的有关设置。

● "按需加载外部参照文件"下拉列表：控制外部参照按需加载。按需加载只加载重生成当前图形所需的部分参照图形，因此提高了性能。有禁用、启用和使用副本3个选项。

禁用：关闭按需加载，加载整个图形。

启用：按需加载，打开并锁定参照图形文件。

使用副本：按需加载，打开并锁定参照图形文件的副本，不锁定参照图形文件。

● "保留外部参照图层的修改"复选框：确定是否保存对依赖外部参照图层的图层特性和状态的修改。若勾选此复选框，在重载此图形时，当前被指定给依赖外部参照图层的特性将被保留。

● "允许其他用户参照编辑当前图形"复选框：勾选此复选框，在前图形被另一个或多个图形参照时，用户可在位编辑当前图形文件。

5）"ObjectARX应用程序"选项组

● "按需加载ObjectARX应用程序"下拉列表：选择何时加载ObjectARX应用程序。有对象检测和命令调用、命令调用、自定义对象检测和关闭按需加载4个选项。

● "自定义对象的代理图像"下拉列表：是否显示代理图形。

● "显示'代理信息'对话框"复选框：勾选此复选框，打开文件时会显示"代理信息"对话框。

（4）"打印和发布"选项卡：对打印和发布图形文件进行设置，如图5-41所示。

1）"新图形的默认打印设置"选项组：配置新图形的默认打印设置。

● "用作默认输出设备"单选框：在下拉列表中选择需要的输出设备。

● "使用上一可用打印设置"单选框：使用上一次打印的页面设置。

● "添加或配置绘图仪"按钮：单击此按钮，添加或者配置绘图仪和打印机。

2）"打印到文件"选项组：设置打印到文件操作的默认位置，单击███按钮，选择合适的位置，可将图形打印到文件中。

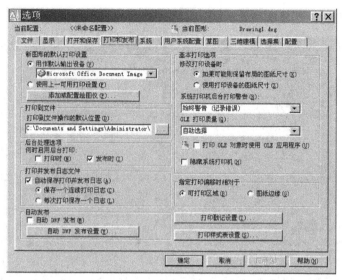

图 5-41 "打印和发布"选项卡

3)"后台处理选项"选项组：选择何时启用后台打印，有"打印时"或"发布时"两项选择。

4)"打印并发布日志文件"选项组：确定是否自动保存打印并发布日志及日志文件的保存方式。

5)"自动发布"选项组：确定是否自动发布 DWF 文件。单击"自动 DWF 发布设置"按钮可对自动发布进行设置。

6)"基本打印选项"选项组

● "修改打印设备时"：确定使用布局的图纸尺寸还是打印设备的图纸尺寸。

● "系统打印机后台打印警告"下拉列表：确定打印出现错误时是否警告及警告方式和是否记录错误。

● "OLE 打印质量"下拉列表：选择 OLE 的打印质量。

7)"指定打印偏移时相对于"选项组：指定打印偏移的参照边界，可选择"可打印区域"或"图纸边缘"。

8)"打印戳记设置"按钮：设置打印戳记的各项参数。

9)"打印样式表设置"按钮：包括新图形的默认打印样式的设置、当前打印样式表设置和添加或编辑打印样式表 3 种功能。

(5)"系统"选项卡：控制系统相关选项的设置，如图 5-42 所示。

1)"三维性能"选项组：单击"性能设置"按钮打开"自适应降级和性能调节"对话框，可以对自适应降级和三维绘图的硬件及性能进行调节。

2)"当前定点设备"选项组：可以接受仅数字化仪或者数字化仪和鼠标两种设备的输入。

3)"布局重生成选项"选项组。

● "切换布局时重生成"单选框：每次切换选项卡都会重生成图形。

● "缓存模型选项卡和上一个布局"单选框：对于当前的模型选项卡和上一个布局选项卡，显示列表保存到内存，并且在两个选项卡之间切换时禁止重生成。对于其他布局选项卡，切换到它们时仍然重生成。

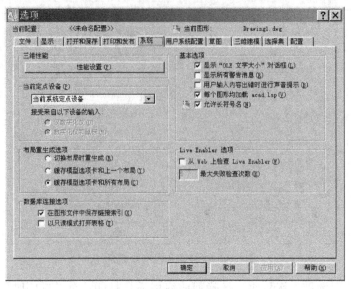

图 5-42 "系统"选项卡

● "缓存模型选项卡和所有布局"单选框：第一次切换到每个选项卡时重生成图形。对于绘图任务中的其余选项卡，显示列表保存到内存，切换到这些选项卡时禁止重生成。

4）"数据库连接选项"选项组

● "在图形文件中保存链接索引"复选框：确定是否在图形文件中保存链接索引。

● "以只读模式打开表格"复选框：勾选此复选框，不允许对数据库中的表格进行修改。

5）"基本选项"选项组：包括显示"OLE 文字大小"对话框、显示所有警告消息、用户输入内容出错时进行声音提示、每个图形均加载 acad.lsp 和允许长符号名 5 个选项。

6）"Live Enabler 选项"选项组：可以勾选"从 web 上检查 Live Enabler"复选框，并设置最大失败检查次数，其数值范围为 1～256。

（6）"用户系统配置"选项卡：对用户系统进行个性化配置，如图 5-43 所示。

1）"Windows 标准操作"选项组

● "双击进行编辑"复选框：对图形对象双击可进入编辑状态。

● "绘图区域中使用快捷菜单"复选框：勾选此复选框，单击鼠标右键时，在绘图区域显示快捷菜单。如果不勾选此复选框，系统将单击右键默认为 ENTER。

● "自定义右键单击"按钮：控制在绘图区域中鼠标右键的作用。

2）"插入比例"选项组：设置插入图块时的图形比例，可以跟随图形单位的变化而变化。当单位设置为无单位时，设置源、目标的单位内容。

● "源内容单位"下拉列表：设置插入到当前图形中的对象的单位。

● "目标图形单位"下拉列表：设置在当前图形中的对象的单位。

3）"字段"选项组：设置与字段相关的系统配置。

● "显示字段的背景"复选框：用浅颜色背景显示字段，打印时不会打印背景色。不选择此项时，字段将与普通文字显示相同的背景。

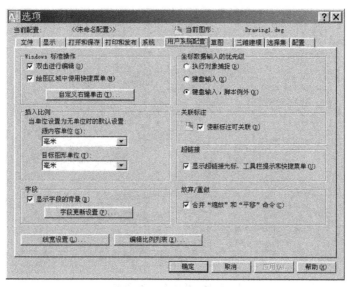

图 5-43 "用户系统配置"选项卡

● "字段更新设置"按钮：打开"字段更新设置"对话框，设置在何种情形下更新字段。

4）"坐标数据输入的优先级"选项组：确定是否以键盘输入坐标值来替代对象捕捉设置。

● "执行对象捕捉"单选框：执行对象捕捉总是替代键盘坐标输入。

● "键盘输入"单选框：坐标键盘输入总是替代执行对象捕捉。

● "键盘输入，脚本例外"单选框：键盘输入替代对象捕捉设置，脚本中的设置除外。

5）"关联标注"选项组：选择上"使新标注可关联"，可以使新标注随图形的变化而变化。

6）"超链接"选项组：勾选"显示超链接光标、工具栏提示和快捷菜单"复选框后，当光标停留在设有超链接的图形上时，光标会出现超链接的光标提示、操作提示；选择该图形后右击，快捷菜单中会有"超链接"子菜单。

7）"放弃/重做"选项组：勾选"合并'缩放'和'平移'命令"复选框后，在执行放弃/重做命令时，可将先前多次的缩放和平移命令操作合并成一步重做。

8）"线宽设置"按钮：打开"线宽设置"对话框，设置线宽。

9）"编辑比例列表"按钮：可对 AutoCAD 自带的比例缩放列表进行添加、编辑、上移、下移、删除、重置等操作。

（7）"草图"选项卡：设置自动捕捉、对象捕捉、自动追踪等选项，如图 5-44 所示。

1）"自动捕捉设置"选项组：设置自动捕捉的相关选项。

● "标记"复选框：控制捕捉标记的开/关。该标记是当十字光标移到捕捉点上时显示的几何符号。也可通过AUTOSNAP系统变量来控制。

● "磁吸"复选框：吸引且将光标锁定到检测到的最接近的捕捉特征点。

● "显示自动捕捉工具栏提示"复选框：控制自动捕捉工具栏提示的显示。工具栏提示是一个标签，用来描述捕捉到的对象部分。

● "显示自动捕捉靶框"复选框：控制自动捕捉靶框的显示。靶框是捕捉对象时出现在十字光标内部的方框。

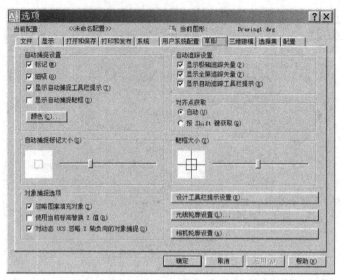

图 5-44 "草图"选项卡

● "颜色"按钮：设置自动捕捉光标的颜色。用户可通过"颜色"按钮，开启"图形窗口颜色"对话框，从中选择需要的颜色。

2）"自动捕捉标记大小"选项组：通过拖拽指定自动捕捉标记的显示尺寸。

3）"对象捕捉选项"选项组：设置对象捕捉时遇到图案填充对象的处理方式。

● "忽略图案填充对象"复选框：勾选此复选框，将在碰到图案填充对象时，忽略该对象，不进行对象捕捉处理。

● "使用当前标高替换 Z 值"复选框：指定对象捕捉忽略对象捕捉位置的 Z 值，并使用为当前 UCS 设置的标高的 Z 值。

● "对动态 UCS 忽略 Z 轴负向的对象捕捉"复选框：指定使用动态 UCS 期间对象捕捉忽略具有负 Z 值的几何体。

4）"自动追踪设置"选项组：设置自动追踪的相关选项，包括极轴追踪、全屏追踪矢量的显示。

● "显示极轴追踪矢量"复选框：控制极轴追踪矢量的显示。当极轴追踪打开时，将沿指定角度显示一个矢量。使用极轴追踪，可以沿指定的角度绘制直线。极轴角度是 90°的约数，如 45°、30° 和 15°。

● "显示全屏追踪矢量"复选框：控制全屏追踪路径的显示。追踪矢量是辅助用户按特定角度或与其他对象特定关系绘制对象的构造线。如果勾选此复选框，将以无限长直线显示对齐矢量。系统变量 TRACKPATH 可控制该矢量的显示。

● "显示自动追踪工具栏提示"复选框：控制自动追踪工具栏提示的显示。工具栏提示显示追踪坐标，也可通过 AUTOSNAP 系统变量来控制。

5）"对齐点获取"选项组：设置在图形中获取矢量对齐点的方法。

● "自动"单选框：当靶框移到对象捕捉上时，自动显示追踪矢量。

● "按 Shift 键获取"单选框：当按【Shift】键并将靶框移到对象捕捉上时，显示追踪矢量。

土木工程 CAD

6）"靶框大小"选项组：通过鼠标拖拽选择设置靶框的显示尺寸。靶框的大小确定磁吸将靶框锁定到捕捉点之前，光标应到达与捕捉点多近的位置。取值范围从 1 到 50 像素。

7）"设计工具栏提示设置"按钮：设计工具栏提示的颜色、大小、透明度等特性。

8）"光线轮廓设置"按钮：设置光线轮廓的形状、颜色、大小等内容。

9）"相机轮廓设置"按钮：设置相机轮廓的颜色和尺寸。

（8）"三维建模"选项卡：对三维建模进行外观设置，如图 5-45 所示。

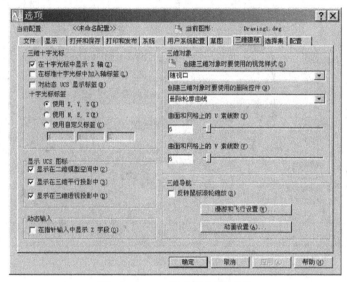

图 5-45 "三维建模"选项卡

1）"三维十字光标"选项组：设置三维十字光标的外观。

● "在十字光标中显示 Z 轴"复选框：勾选此复选框，三维十字光标中会显示 Z 轴。

● "在标准十字光标中加入轴标签"复选框：勾选此复选框，在标准十字光标中显示轴标签。

● "对动态 UCS 显示标签"复选框：勾选此复选框，对动态 UCS 显示标签。

● "十字光标标签"：设置十字光标的标签名称。

2）"显示 UCS 图标"选项组：选择 UCS 图标的显示空间。

3）"动态输入"选项组：设置在指针输入中是否显示 Z 字段。

4）"三维对象"选项组

● "创建三维对象时要使用的视觉样式"下拉列表：选择创建三维对象时要使用的视觉样式，有随视口、二维线框、三维隐藏、三维线框、概念和真实 6 种样式。

● "创建三维对象时要使用的删除控件"下拉列表：有提示删除轮廓曲线和路径曲线、保留定义几何体、删除轮廓曲线、删除轮廓曲线和路径曲线、提示删除轮廓曲线 5 种选择。

● "曲线和网格上的 U 索线数"：拖拽右面的滑动块可设定 U 索线的数量。

● "曲面和网格上的 V 索线数"：拖拽右面的滑动块可设定 V 索线的数量。

5）"三维导航"选项组

● "反转鼠标滚轮缩放"复选框：AutoCAD 默认的鼠标滚轮操作是向下滚动缩小视图，向上滚动放大视图，勾选此复选框后，鼠标滚轮的操作对视图的缩放与之相反。

● "漫游和飞行设置"按钮：对显示指令窗口和步长等选项进行设置。
● "动画设置"按钮：对动画的视觉样式、分辨率、帧率和格式进行设置。

（9）"选择集"选项卡：设置在绘图区域中进行对象选择时的相关选项，如图 5-46 所示。

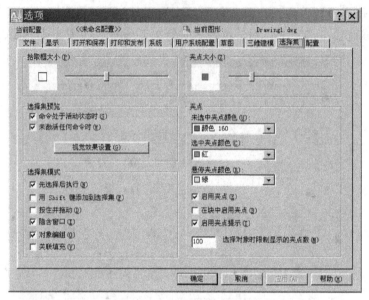

图 5-46 "选择集"选项卡

1）"拾取框大小"选项组：通过鼠标拖拽设置拾取框的显示尺寸。拾取框是在编辑命令中出现的对象选择工具，设置的值将储存在PICKBOX系统变量中。

2）"选择集预览"选项组：对选择集的预览效果进行设置。

● "视觉效果设置"按钮：对选择预览效果和区域选择效果进行外观设置。

3）"选择集模式"选项组：设置在进行对象选择时的选择方式。

● "先选择后执行"复选框：勾选此复选框，将允许在启动命令之前选择对象。被调用的命令对先前选定的对象产生影响。

● "用 Shift 键添加到选择集"复选框：勾选此复选框，按【Shift】键选择对象时，向选择集中添加或从选择集中删除对象。

● "按住并拖动"复选框：控制是否采用"按住并拖动"的选择模式来绘制选择窗口。

● "隐含窗口"复选框：在"选择对象"提示下，控制是否自动显示选择窗口。

● "对象编组"复选框：勾选此复选框，可通过选择编组中的一个对象选择编组中的所有对象。

● "关联填充"复选框：如果勾选此复选框，选择关联填充时也选定边界对象。

4）"夹点大小"选项组：控制选择对象时，对象上显示的夹点尺寸。

5）"夹点"选项组：设置夹点的相关选项。夹点就是在选取对象后，在对象上显示的实心小方块。

● "未选中夹点颜色"下拉列表：控制未选中夹点的颜色。在下拉列表中单击"选择颜色"，开启"选择颜色"对话框，用户可从中指定某一索引颜色。

● "选中夹点颜色"下拉列表：控制选中夹点的颜色。在下拉列表中单击"选择颜色"，开启"选择颜色"对话框，用户可从中指定某一索引颜色。

● "悬停夹点颜色"下拉列表：控制光标在夹点上滚动时夹点显示的颜色。在下拉列表中单击"选择颜色"，开启"选择颜色"对话框，用户可从中指定某一索引颜色。

● "启用夹点"复选框：控制在选取对象后，是否在对象上显示夹点。在图形中显示夹点会明显降低性能。清除此选项可优化性能。

● "在块中启用夹点"复选框：控制在选取图块文件后，是在块上显示夹点还是在插入块的位置显示单个夹点。

● "启用夹点提示"复选框：夹点开启的情况下，用户移动光标到对象所在夹点上时，确定是否给予提示的显示。

● "选择对象时限制显示的夹点数"文本框：当初始选择集包括多于指定数目的对象时，抑制夹点的显示。有效值的范围为1～32767。默认设置是100。

（10）"配置"选项卡：在"配置"选项卡中，控制自定义配置的使用，如图5-47所示。

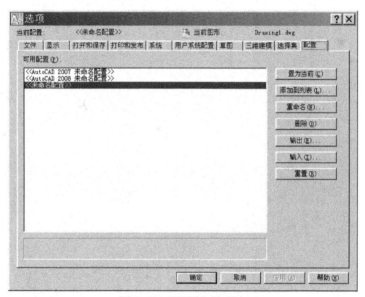

图 5-47 "配置"选项卡

1）"可用配置"列表：列表显示可用配置。

2）"置为当前"按钮：在列表中选择配置，将其设置为当前配置。

3）"添加到列表"按钮：开启"添加配置"对话框，指定新配置的名称以及说明文字，并增加到列表中。

4）"重命名"按钮：开启"修改配置"对话框，为指定的配置重新指定新名称和说明文字。

5）"删除"按钮：删除列表中指定的配置。

6）"输出"按钮：开启"输出配置"对话框，选择合适的位置，指定文件名并保存，以供日后调用。

7）"输入"按钮：开启"输入配置"对话框，从文件夹中选取 ARG 配置文件插入列表。

8）"重置"按钮：将选定配置中的值重置为系统默认设置。

上 机 练 习

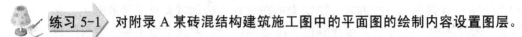 **练习 5-1** 对附录 A 某砖混结构建筑施工图中的平面图的绘制内容设置图层。

　　提示： 可分别设置轴线、墙线、标注、尺寸、门窗、家具等图层，确定各图层的颜色和线型。

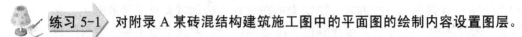 **练习 5-2** 将附录 A 某砖混结构建筑施工图中的平面图中的家具、门窗、盥洗盆、标高符号等设定为块，进行创建块和块插入练习。

　　提示： 注意创建块时基点的选择；标高符号可创建成带属性的块，标高值作为块的属性，在块插入时同时输入属性值。

第6章 文字标注与尺寸标注

学习要点 ··

- AutoCAD 文字样式设置和文字标注的方法
- AutoCAD 尺寸标注样式设置和尺寸标注的方法
- 编辑文字的方法
- 编辑尺寸标注的方法
- 利用尺寸标注检验绘图的准确性
- 利用辅助绘图工具提高绘图精度和质量

··

6.1 文字标注

AutoCAD 可以为图形进行文字标注和说明,并且对已标注的文字提供相应的编辑命令。

6.1.1 文字样式

文字样式是定义文字标注时的各种参数和表现形式。用户可以在文字样式中定义字体、高度等参数,并赋名保存。

1. 执行方式

(1)下拉菜单:"格式"→"文字样式"。

(2)命令行:STYLE(ST) ✓。

启动文字样式命令后,弹出"文字样式"对话框,如图 6-1 所示,在该对话框中,用户可以进行文字样式的设置。

2. "文字样式"对话框各选项含义

(1)"样式"列表:列出了当前图形文件中所有已定义过的文字样式。

(2)"字体"选项组

图 6-1 "文字样式"对话框

● "字体名"下拉列表:其中包含了当前 Windows 系统中所有的字体文件,供用户选择使用。

● "字体样式"下拉列表:选择字体之后,字体样式即为常规。

● "使用大字体"复选框：选择后，即可选用大字体文件，建筑制图一般不使用。

（3）"大小"选项组

"高度"文本框：设置标注文字的高度。若取默认值0，在书写文字时设置高度；若在此设置高度，则文字高度不能修改。

（4）"效果"选项组

● "颠倒"复选框：确定是否将文字旋转180°。

● "反向"复选框：确定是否将文字以镜像方式标注。

● "垂直"复选框：控制文字是水平标注还是垂直标注。

● "宽度因子"文本框：设置文字的宽度系数。

● "倾斜角度"文本框：设置文字的倾斜角度。

（5）"预览"框：在预览区可以观察所设置的文字样式是否满足要求。

（6）其他按钮

● "置为当前"按钮：将选择的文字样式置为当前。

● "新建"按钮：创建新的文字样式，新建时打开"新建文字样式"对话框，如图6-2所示。

● "删除"按钮：删除选择的文字样式。

● "应用"按钮：实现所设置的文字样式的应用。

图6-2 "新建文字样式"对话框

3．操作过程

任务 6-1 根据建筑制图中对文字的要求设置文字样式。

单击"格式"下拉菜单→"文字样式"。

各参数的设置：（1）新建样式名：文字。

（2）字体：仿宋_GB2312。

（3）高度：0。

（4）宽度因子：0.7。

提示

Windows中文字体分为两类，不带有@符号的字体为现代横向书写风格，而带有@符号的字体则为古典竖向书写风格，其区别如图6-3所示。

a）"@仿宋_GB2312"字体　　　　　　b）"仿宋_GB2312"字体

图6-3　字体区别

6.1.2　文字输入

文字样式设置完毕后，便可进行文字标注了。标注文字有两种方式：一种是单行文字标注；另一种是多行文字标注，一次可以输入多行文字。

1．标注单行文字（DTEXT）

（1）功能：单行文字并不是说此命令一次只能标注一行文字，实际上一次命令能够标注多行文字，主要是指每一行文字都是一个单独的对象。

（2）执行方式

1）下拉菜单："绘图"→"文字"→"单行文字"。

2）命令行：DTEXT（DT）✓。

（3）操作过程

建筑制图
12345
AutoCAD

任务 6-2 输入单行文字：建筑制图，12345，AutoCAD，如图 6-4 所示。

图 6-4 单行文字

启动命令，系统提示：

```
命令：_dtext
当前文字样式："Standard"  当前文字高度：2.500  注释性：否
指定文字的起点或[对正(J)/样式(S)]:S✓（输入 S）
（样式修改为"文字"）
输入样式名或[？]<Standard>:文字✓
指定文字的起点或[对正(J)/样式(S)]:（用鼠标选取一点）
指定文字高度：5✓
指定文字的旋转角度：0✓
输入文字：建筑制图✓
输入文字：12345✓
输入文字：AutoCAD✓
输入文字：✓（回车结束命令）
```

（4）说明

1）执行一次单行文字命令可以连续标注多行，但换行后输入的文字被作为另一实体。

2）如果在设置文字样式时已经设置了文字高度，那么在文字标注过程中命令行不再提示指定文字高度，即文字高度不能修改。

3）输入文字并回车确认后，可在已输入文字的下一行继续输入文字，也可再次回车结束本次 DTEXT 命令。

2. 标注多行文字（MTEXT） 在输入的文字较多时，采用多行文字标注命令更加方便，而且其功能强大且全面。

（1）功能：一次可以输入多行文字。

（2）执行方式

1）下拉菜单："绘图"→"文字"→"多行文字"。

2）命令行：MTEXT（MT）✓。

3）工具栏：单击"绘图"工具栏中的A按钮。

（3）操作过程

启动命令，系统提示：

```
命令：_mtext
当前文字样式："Standard"  当前文字高度：2.500  注释性：否
指定第一角点：（确定一点作为标注文本框的第一个角点）
指定对角点或[高度(H)/对正(J)/行距(L)/旋转(R)/样式(S)/宽度(W)/栏(C)]：（确定文本框的另一个对角点）
```

选择两个角点后，弹出"文字格式"对话框，如图 6-5 所示，用户可以利用此对话框设置文字的样式、字体、高度、字型等，并通过文字编辑器输入文字内容。

内容输入完毕后，单击"确定"结束命令。

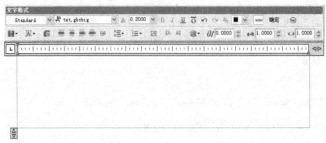

图 6-5　多行文字编辑框

指定第二角点提示中其他选项含义如下：

- 高度（H）：设置标注文字的高度。
- 对正（J）：设置文字排列方式。
- 行距（L）：设置文字行间距。
- 旋转（R）：设置文字倾斜角度。
- 样式（S）：设置字体标注样式。
- 宽度（W）：设置文本框的宽度。

3．**特殊字符的输入**　在建筑工程制图中，经常需要标注一些特殊符号，这些特殊字符不能直接从键盘输入，AutoCAD 提供了一些简捷的控制码，通过键盘输入这些控制码，达到输入特殊字符的目的。特殊字符输入格式见表 6-1。

表 6-1　特殊字符输入格式

输 入 格 式	符 号
%%D	角度符号（°）
%%C	圆直径标注符号（ϕ）
%%P	正负符号（±）
%%O	控制是否加"上划线"
%%U	控制是否加"下划线"

6.1.3　文字编辑

已标注的文字，有时需对其属性或文字本身进行修改，AutoCAD 提供了两个文字基本编辑方法，即 DDEDIT 命令和图形特征管理器，方便用户快速便捷地编辑所需的文字。

1．**利用 DDEDIT 命令编辑文字**

（1）执行方式

1）下拉菜单："修改"→"对象"→"文字"→"编辑"。

2）命令行：DDEDIT（ED）✓。

3）直接双击要修改的文字对象。

（2）操作过程

启动命令，系统提示：

命令:_ddedit

选择注释对象或[放弃]:（选择要修改的文字）

若选择的文字是单行文字，则会出现图 6-6 所示的效果，此时只能对文字内容进行修改。修改完毕回车后，输入 U 可以取消上次所进行的文字编辑操作。若选择的文字是多行文字，则弹出图 6-5 所示的文字编辑框进行文字编辑。

图 6-6　修改单行文字

2．利用"特性"窗口编辑文字

（1）执行方式：

1）下拉菜单："修改"→"特性"。

2）工具栏：单击"标准"工具栏上的 按钮。

3）快捷菜单：选择文字单击右键在弹出的快捷菜单中选择"特性"。

（2）命令执行后，弹出"特性"窗口，如图 6-7 所示，即可利用该"特性"窗口进行文字编辑。

在使用"特性"窗口编辑图形实体时，允许一次选择多个文本实体；而用 DDEDIT 命令编辑文本实体时，每次只能选择一个文本实体。

3．文字的快速显示

（1）功能：控制文字和属性对象的显示和打印。如果打开 QTEXT（"快速文字"），AutoCAD 将显示文字和文字对象周围边框上的属性对象。如果图形包含有大量文字对象，打开 QTEXT 模式可减少 AutoCAD 重画和重生成图形的时间。

（2）执行方式

1）下拉菜单："工具"→"选项"→"显示"→"显示特性"。

2）命令行：QTEXT✓。

图 6-7　"特性"窗口

（3）操作过程

启动命令，系统提示：

命令：_qtext

输入模式[开(ON)/关(OFF)]<当前模式>：ON✓ 或 OFF✓（结束命令）

（4）说明

1）模式为 ON 时显示文字边框，模式为 OFF 时显示文字。

2）执行完该命令，重生成后才能有相应的显示。

3）重生成的执行方式：命令行输入快捷命令 RE 回车或单击"视图"下拉菜单→"重生成"。

6.2 尺寸标注

尺寸标注是各类施工图的重要组成部分。利用 AutoCAD 的尺寸标注命令可以方便快速地标注图形中各种方向、形式的尺寸。

6.2.1 尺寸标注的组成

一个完整的尺寸标注通常由 4 个标注要素组成：尺寸线、尺寸界线、尺寸起止符和尺寸文本（数字）。如图 6-8 所示为建筑制图尺寸标注各部分的名称。

一般情况下，AutoCAD 将尺寸作为一个图块，即尺寸标注的 4 个组成要素各自不是单独的实体，而是构成图块的一部分。如果对该尺寸标注进行拉伸，那么拉伸后尺寸标注的数字将自动地发生相应的变化，这种尺寸标注称为关联性尺寸。

如果尺寸标注的 4 个组成要素都是单独的实体，即尺寸标注不是一个图块，那么这种尺寸标注称为无关联性尺寸。如果用户拉伸无关联性尺寸，将会看到尺寸线被拉伸，但尺寸数字仍保持不变。因此无关联尺寸无法适时反映图形的准确尺寸。

图 6-9 所示为用 SCALE 命令缩放关联性和非关联性尺寸的结果。

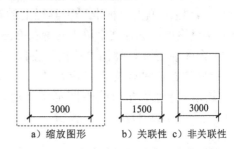

图 6-8 建筑制图尺寸标注各部分的名称　　图 6-9 用 SCALE 命令缩放关联性和非关联性尺寸

6.2.2 尺寸样式

尺寸标注样式控制着尺寸标注的外观和功能，它可以定义不同设置的标注样式并给它们赋名。下面以建筑制图标准要求的尺寸形式为例，介绍尺寸标注样式的创建。

1．执行方式
（1）下拉菜单："格式"→"标注样式"。
（2）命令行：DIMSTYLE（D）✓。
（3）工具栏：单击"样式"工具栏中的 ◢ 按钮。

2．功能介绍
（1）标注样式管理器

启动标注样式命令后，弹出"标注样式管理器"对话框，如图 6-10 所示，在该对话框中，用户可以进行标注样式的设置。本对话框各设置选项的作用如表 6-2 所示。

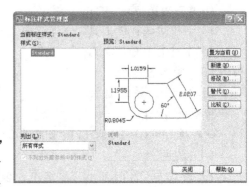

图 6-10 标注样式管理器

表 6-2 "标注样式管理器"对话框设置项的作用

设　置　项	作　　用
当前标注样式	显示当前标注样式
样式	显示可以使用的所有标注样式，当前标注样式被亮显
置为当前	将从"样式"列表中选定的标注样式设置为当前标注样式
新建	定义新的标注样式，显示"创建新标注样式"对话框
修改	修改在"样式"列表选择的样式的参数，显示"修改标注样式"对话框
替代	设置标注样式的临时替代值，显示"替代当前样式"对话框
比较	比较两种标注样式的特性或列出一种样式的所用特性，显示"比较标注样式"对话框
预览	在"预览"区域中实时的显示标注样式的格式

单击"新建"按钮弹出如图 6-11 所示的"创建新标注样式"对话框。各选项含义如下：

土木工程 CAD

1）"新样式名"文本框：设置创建新的标注样式的名称，如输入"建筑制图"。

2）"基础样式"下拉列表：选择一种已有样式，新的标注样式在此基础上修改不符合要求的部分。

3）"用于"下拉列表：限定新标注样式的应用范围。

（2）新建标注样式

单击"继续"按钮，弹出如图6-12所示的"新建标注样式：建筑制图"对话框。在进行尺寸标注设置时，单击"新建"、"修改"、"替代"三个按钮都将弹出相应的对话框，虽然弹出的对话框各具功能，但它们的参数内容都是一样的。

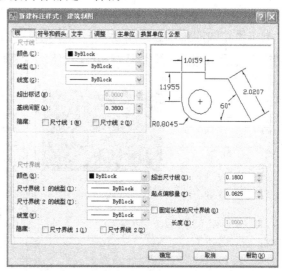

图6-11 "创建新标注样式"对话框　　　　图6-12 "新建标注样式：建筑制图"对话框

1）"线"选项卡：本选项卡如图6-12所示，用于设置尺寸线、尺寸界线和其他几何参数。参数说明见表6-3。

表6-3 "线"选项卡的参数说明

参数名称	参数说明
颜色	设置尺寸线（尺寸界线）的颜色
线型	设置尺寸线（尺寸界线）的线型
线宽	设置尺寸线（尺寸界线）的线宽
超出标记	指定尺寸线超过尺寸界线的长度。《房屋建筑制图统一标准》（GB/T 50001—2010）规定该数值一般为0。当箭头样式为"倾斜、建筑标记、小标记、积分和无标记"时本选项才能被激活，否则将呈淡灰色显示而无效
基线间距	采用基线方式标注尺寸时，控制各尺寸线之间的距离。《房屋建筑制图统一标准》（GB/T 50001—2010）规定两尺寸线间距为7～10mm
隐藏	控制是否隐藏第一条、第二条尺寸线（尺寸界线）。建筑制图时，选择默认值，即两条尺寸线（尺寸界线）都可见
超出尺寸线	控制尺寸界线超出尺寸线的长度。《房屋建筑制图统一标准》（GB/T 50001—2010）规定这一长度宜为2～3mm
起点偏移量	设置尺寸界线的起始点离开指定标注起点的距离

2）"符号和箭头"选项卡：本选项卡如图6-13所示，用于设置起止符号的形状和大小。"箭头"选项组中各选项的含义如下：

①"第一项"下拉列表：选择第一个尺寸起止符的形状。下拉列表中提供各种起止符

号以满足各种工程制图的需要。建筑制图时，选择"建筑标记"。当用户选择某种类型的起止符号作为第一个起止符号时，AutoCAD 将自动把该类型的起止符默认为第二个起止符号出现在第二个下拉列表框中。

②"第二个"下拉列表：选择第二个尺寸起止符的形状。

③"引线"下拉列表：设置指引线的箭头形状。

④"箭头大小"下拉列表：设置尺寸起止符号的大小。《房屋建筑制图统一标准》（GB/T 50001—2010）要求起止符号一般用中粗短线绘制，长度宜为2mm。

该选项卡中其他内容说明比较清楚，不再赘述。

3）"文字"选项卡：本选项卡如图 6-14 所示，用于设置尺寸文本、尺寸起止符号、指引线和尺寸线的相对位置以及尺寸文本格式。参数说明见表 6-4。

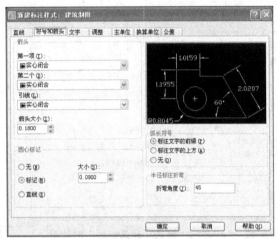

图 6-13 "符号和箭头"选项卡

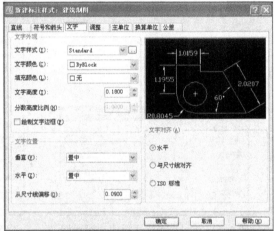

图 6-14 "文字"选项卡

表 6-4 "文字"选项卡的参数说明

选 项 组	参 数 名 称	参 数 说 明
文字外观	文字样式	显示和设置尺寸文本的当前文字样式。用户可从下拉列表中选择已定义的样式作为当前尺寸标注的文字样式。如果没有合适的文字样式，单击右侧的按钮…，可以即时创建新的文字样式
	文字颜色	设置尺寸文本的颜色
	文字高度	设置尺寸文本的高度。建筑制图时，字高一般为3～4mm
	分数高度比例	设置分数尺寸文本的相对高度系数。只有当"主单位"选项卡中选择"分数"作为"单位格式"时，此项才能用
文字位置	垂直	设置尺寸文本相对于尺寸线在垂直方向的排列方式。建筑制图时，选择"上方"
	水平	设置尺寸文本相对于尺寸线、尺寸界线的位置。建筑制图时，选择"居中"
	从尺寸线偏移	设置尺寸文本和尺寸线之间的偏移距离。建筑制图时，输入 1～1.5mm
文字对齐		控制尺寸文本放在尺寸线外边或里边时的方向是保持水平还是与尺寸线平行

4）"调整"选项卡：本选项卡如图 6-15 所示，用于设置尺寸文本、尺寸起止符号、指引线和尺寸线的相对排列位置。参数说明见表 6-5。

表 6-5　"调整"选项卡的参数说明

参 数 名 称	参 数 说 明
调整选项	基于尺寸界线之间的可用空间，控制尺寸文本和尺寸起止符号的位置。在建筑制图中，选择默认值"文字或箭头（最佳效果）"
文字位置	设置当尺寸文本离开其默认位置时的放置位置
标注特征比例	通过比例数值控制尺寸标注 4 个元素的实际尺寸，即各元素实际大小=设置的数值×比例数值。例如，在"文字"选项卡中文字高度为 2.5，若设置"全局比例=2"，则实际文字高度为 5
优化	设置尺寸文本的精细微调选项

5）"主单位"选项卡：本选项卡如图 6-16 所示，用于设置"线性标注"及"角度标注"的单位样式和精度，并设置标注文字的前缀和后缀。参数说明见表 6-6。

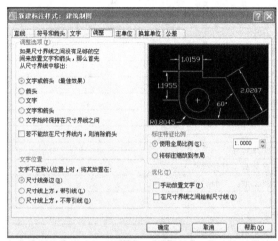

图 6-15　"调整"选项卡

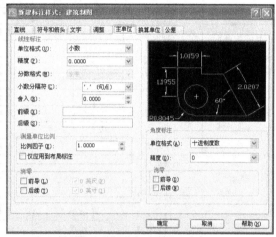

图 6-16　"主单位"选项卡

表 6-6　"主单位"选项卡的参数说明

参 数 名 称	参 数 说 明
单位格式	设置尺寸文字的数字（或角度）的表示类型
精度	设置尺寸文本中的小数位数
分数格式	只有当"单位格式"为"分数"时，本选项才有效
小数分隔符	设置十进制格式的分隔符
舍入	为除"角度"之外的所有标注类型设置标注测量值的舍入规则
前缀	给尺寸文字指示一个前缀
后缀	给尺寸文字指示一个后缀
测量单位比例	设置线性标注测量值的比例因子。AutoCAD 按公式"标注值=测量值×比例因子"进行标注。例如，标注对象的实际测量长度值为 20，当设置"比例因子=2"后，尺寸标注值为 40
消零	控制前导或后续的"0"的显示。如选择前导，则"0.5"实际显示为".5"

6）"换算单位"选项卡：本选项卡用于指定标注测量值中换算单位的显示并设置其格式和精度。在建筑制图中很少应用，不再详述。

7）"公差"选项卡：本选项卡用于控制尺寸文字中公差的显示与格式。在建筑制图中很少应用，不再详述。

3．操作过程

任务 6-3　根据建筑制图尺寸标注的要求，设置尺寸标注样式的各参数。

启动命令：

单击"格式"下拉菜单→"标注样式"。

第 6 章　文字标注与尺寸标注

117

单击"新建"按钮。

新样式名："建筑制图"，单击"继续"。

设置各选项卡中的参数，各参数值参照表6-7。

单击"确定"按钮，"置为当前"，"关闭"标注样式设置完毕。

表6-7　建筑制图尺寸标注各参数设置

选项卡名称	分选项名称	参数名称	设置值
直线	尺寸线	超出标记	0
		基线间距	7～10，采用基线方式标注尺寸时有效
	尺寸界线	超出尺寸线	2～3
		起点偏移量	0
符号和箭头	箭头	箭头	建筑标记
		箭头大小	2
文字	文字外观	文字样式	新建样式，选择"simplex.shx"字体
		文字高度	3～4
	文字位置	垂直	上方
		水平	居中
		从尺寸线偏移	1～1.5
	文字对齐		与尺寸线对齐
调整	调整选项		文字或箭头（最佳效果）
	文字位置		尺寸线上方，不加引线
	标注特征比例		100
主单位	线性标注	单位格式	小数
		精度	0
	测量单位比例	比例因子	1
	文字对齐		控制尺寸文本放在尺寸线外边或里边时的方向是保持水平还是与尺寸线平行

6.2.3　尺寸标注对象的绘制

1．线性标注

（1）功能：用于标注水平或垂直尺寸。

（2）执行方式

1）下拉菜单："标注"→"线性"。

2）命令行：DIMLINEAR（DLI）↙。

3）工具栏：单击"标注"工具栏中的⊢按钮。

（3）操作过程

任务6-4　标注图6-17a所示图形的尺寸，以线段AB为例。

启动命令，系统提示：

命令：_dimlinear

指定第一条尺寸界线原点或<选择对象>：（鼠标单击点A）

指定第二条尺寸界线原点：（鼠标单击点B）

指定尺寸线位置或[多行文字(M)/文字(T)/角度(A)/水平(H)/垂直(V)/旋转(R)]：（在放置尺寸线处单击鼠标，命令结束）

土木工程 CAD

参数说明：

● 多行文字（M）：显示多行文字编辑器，可用来编辑标注文字。

● 文字（T）：在命令行自定义标注文字。

● 角度（A）：修改标注文字的角度。

● 水平（H）：创建水平线性标注。

● 垂直（V）：创建垂直线性标注。

● 旋转（R）：创建旋转线性标注。

（4）说明：当采用线性标注标注线段 CD 的水平和垂直尺寸时，单击点 C 和点 D 后，若鼠标在 CD 的水平投影范围内移动，将显示标注"1200"，若在 CD 的垂直投影范围内移动，将显示标注"2000"。

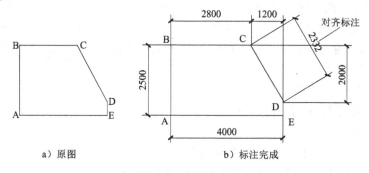

a）原图　　　　　　　　　b）标注完成

图 6-17　线性标注

2．对齐标注

（1）功能：用于标注倾斜的直线对象的尺寸，亦可标注水平或垂直尺寸。

（2）执行方式

1）下拉菜单："标注"→"对齐"。

2）命令行：DIMALIGNED（DAL）✓。

3）工具栏：单击"标注"工具栏中的 ✎ 按钮。

（3）操作过程

 任务 6-5　标注图 6-17a 中线段 CD 的尺寸。

启动命令，系统提示：

命令：_dimaligned

指定第一条尺寸界线原点或<选择对象>：（鼠标单击点 C）

指定第二条尺寸界线原点：（鼠标单击点 D）

指定尺寸线位置或[多行文字(M)/文字(T)/角度(A)]：（在放置尺寸线处单击鼠标，命令结束）

3．角度标注

（1）功能：用于标注两条直线间的夹角或圆弧夹角。

（2）执行方式

1）下拉菜单："标注"→"角度"。

2）命令行：DIMANGULAR（DAN）✓。

3）工具栏：单击"标注"工具栏中的 △ 按钮。

（3）操作过程

 任务 6-6 标注图 6-18a 中∠BAC 的度数。

启动命令，系统提示：

> **命令：_dimangular**
> **选择圆弧、圆、直线或<指定顶点>**（鼠标单击选择线段 AB）
> **选择第二条直线：**（鼠标单击选择线段 AC）
> **指定标注弧线位置或[多行文字(M)/文字(T)/角度(A)/象限点(Q)]：**（在放置尺寸线处单击鼠标，命令结束）

（4）说明

1）当尺寸线位于两直线内时，标注结果如图 6-18b 所示。

2）当尺寸线位于两直线外时，标注结果如图 6-18c 所示。

3）在进行角度标注前，应将标注样式中的箭头样式选择为"实心箭头"。

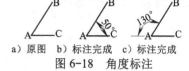

a）原图　b）标注完成　c）标注完成

图 6-18　角度标注

4．直径标注/半径标注

（1）功能：用于标注圆或圆弧的直径或半径。

（2）执行方式

1）下拉菜单："标注"→"直径/半径"。

2）命令行：DIMDIAMETER（DDI）/DIMRADIUS（DRA）✓。

3）工具栏：单击"标注"工具栏上的◎/◎按钮。

（3）操作过程

 任务 6-7 标注图 6-19a 中圆的直径和半径。

启动命令，系统提示：

> **命令：_dimdiameter 或_dimradius**
> **选择圆弧或圆：**（鼠标单击选择需要标注的圆）
> **指定尺寸线位置或[多行文字(M)/文字(T)/角度(A)]：**（在放置尺寸线处单击鼠标，命令结束）

a）原图　　b）直径标注完成　c）半径标注完成

图 6-19　直径/半径标注

👉 **提示**

> 选择对象时选取点的位置会影响标注效果，其规则是："圆心"与"对象选取点"的连线就是尺寸线。

5．连续标注

（1）功能：用于标注彼此首尾相连的多个尺寸，前一个尺寸的第二尺寸界线就是后一个尺寸的第一尺寸界线。

（2）执行方式

1）下拉菜单："标注"→"连续"。

2）命令行：DIMCONTINUE（DCO）✓。

3）工具栏：单击"标注"工具栏中的卌按钮。

（3）操作过程

任务6-8 标注图6-20a中各线段之间的距离。

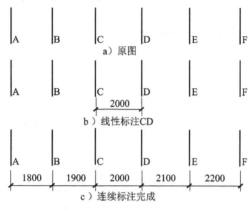

a）原图

b）线性标注CD

c）连续标注完成

图6-20　连续标注

首先以线性标注标注 CD 之间的距离 2000。

启动连续标注命令，系统提示：

命令：_dimcontinue

指定第二条尺寸界线原点或[放弃(U)/选择(S)]<选择>：（鼠标单击点 E）

标注文字＝2100

指定第二条尺寸界线原点或[放弃(U)/选择(S)]<选择>：(鼠标单击点 F)

标注文字＝2200

指定第二条尺寸界线原点或[放弃(U)/选择(S)]<选择>：✓

选择连续标注：（鼠标单击点 C 左侧的尺寸界线）

指定第二条尺寸界线原点或[放弃(U)/选择(S)]<选择>：（鼠标单击点 B）

标注文字＝1900

指定第二条尺寸界线原点或[放弃(U)/选择(S)]<选择>：（鼠标单击点 A）

标注文字＝1800

指定第二条尺寸界线原点或[放弃(U)/选择(S)]<选择>：✓

选择连续标注：✓（命令结束）

参数说明：

● 放弃（U）：放弃在命令行输入期间上一次输入的连续标注。

● 选择（S）：选择一条已经存在的尺寸界线作为连续标注的第一尺寸界线。

☞ **提示**

1. 执行本命令的前提：必须有一个已有的基准尺寸标注。

2. 通常情况下，默认最近一个创建的尺寸标注为连续标注的基准标注对象，如果要选择其他尺寸作为基准尺寸，需要使用"选择"参数进行切换。

6. 基线标注

（1）功能：在建筑制图中，往往以某一线作为基准，其他尺寸都按照该基准进行定位，这就是基线标注。基线标注的操作过程与连续标注基本相同，只是新标注的尺寸线与原尺寸线平行，但不在一条直线上。

（2）执行方式

1）下拉菜单："标注"→"基线"。

2）命令行：DIMBASELINE（DBA）✓。

3）工具栏：单击"标注"工具栏中的□按钮。

（3）操作过程

任务 6-9 标注图 6-21a 中 AD、AF 的水平距离。

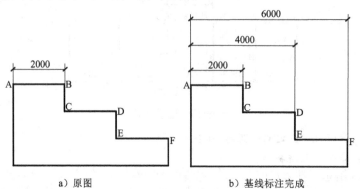

a）原图　　　　　　　　　b）基线标注完成

图 6-21　基线标注

首先以线性标注标注 AB 之间的距离 2000。

启动基线标注命令，系统提示：

命令：_dimbaseline

指定第二条尺寸界线原点或 [放弃(U)/选择(S)]<选择>：（鼠标单击点 D）

标注文字=4000

指定第二条尺寸界线原点或[放弃(U)/选择(S)]<选择>：（鼠标单击点 F）

标注文字=6000

指定第二条尺寸界线原点或[放弃(U)/选择(S)]<选择>：✓

选择基准标注：✓（命令结束）

（4）说明

1）两条尺寸线之间的距离有标注样式中的"基线间距"参数值控制。

2）执行本命令必须有一个已有的基准尺寸标注。

7. 多重引线标注

（1）功能：多重引线标注是一种特殊的标注形式，由"引线"和"文字"两部分构成。在建筑制图中主要用于"构造做法的说明"。

（2）执行方式

1）下拉菜单："标注"→"多重引线"。

2）命令行：MLEADER✓。

（3）操作过程

启动多重引线标注命令，系统提示：

命令：_mleader

指定引线箭头的位置或[引线基线优先(L)/内容优先(C)/选项(O)]<选项>：（在放置引线箭头处单击鼠标）

指定引线基线的位置：（在放置引线箭头处单击鼠标，打开多行文字输入对话框，输入完成后回车，结束命令）

8．快速标注

（1）功能：快速标注是一个交互的、动态的、自动化的尺寸标注生成器，用于快速标注目标对象，使标注工作大大简化。

（2）执行方式

1）下拉菜单："标注"→"快速标注"。

2）命令行：QDIM✓。

3）工具栏：单击"标注"工具栏中的 按钮。

（3）操作过程

 任务6-10 用快速标注标注图6-20a 中各线段之间的距离。

启动快速标注命令，系统提示：

命令：_qdim

关联标注优先级＝端点

选择要标注的几何图形：指定对角点：找到6个（用交叉窗口方式选择这6条线段）

选择要标注的几何图形：✓

指定尺寸线位置或[连续(C)/并列(S)/基线(B)/坐标(O)/半径(R)/直径(D)/基准点(P)/编辑(E)/设置(T)]<连续>：（在放置尺寸线处单击鼠标，结束命令）

参数说明：

- 连续（C）：创建一系列的连续标注。
- 并列（S）：创建一系列的并列标注。
- 基线（B）：创建一系列的基线标注。
- 坐标（O）：创建一系列的坐标标注。
- 半径（R）：创建一系列的半径标注。
- 直径（D）：创建一系列的直径标注。
- 基准点（P）：为基线和坐标标注设置新的基准点。
- 编辑（E）：编辑一系列标注。
- 设置（T）：为指定尺寸界线原点设置默认对象捕捉。

6.2.4 尺寸标注编辑

1．利用"特性"窗口编辑尺寸标注

（1）执行方式

1）下拉菜单："修改"→"特性"。

2）工具栏：单击"标准"工具栏中的 按钮。

3）快捷菜单：选择尺寸标注单击右键，在弹出的快捷菜单中选择"特性"。

命令执行后，弹出"特性"窗口，如图 6-22 所示，即可利用

图6-22 "特性"窗口

该"特性"窗口根据需要更改相关设置。

（2）操作过程

 任务 6-11 修改图 6-23a 中的水平尺寸。

启动命令，弹出"特性"窗口，打开"文字"选项卡，如图 6-24 所示，"测量单位"栏显示当前实测值"4000"，在"文字替代"栏中输入"5000"后回车，修改结果如图 6-23b 所示。

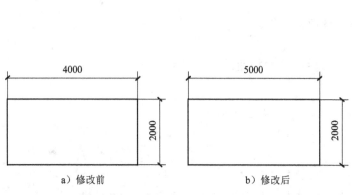

a）修改前　　　　　b）修改后

图 6-23　修改标注文字

图 6-24　"文字"选项卡

2．编辑标注文字

（1）执行方式

1）命令行：DIMEDIT（DED）✓。

2）工具栏：单击"标注"工具栏中的 A 按钮。

（2）操作过程

 任务 6-12 修改图 6-23b 中的水平尺寸为 4000。

启动命令，系统提示：

> **命令：_dimedit**
> **输入标注编辑类型[默认(H)/新建(N)/旋转(R)/倾斜(O)]<默认>：N✓**（输入需要编辑的选项）
> （打开"文字格式"对话框，输入新文字"4000"）
> **选择对象：找到 1 个**（单击要修改的尺寸 5000）
> **选择对象：✓**（结束命令）

参数说明：

● 默认（H）：将尺寸数字移回默认位置。

● 新建（N）：使用多行文字编辑器更改尺寸数字。

● 旋转（R）：旋转尺寸数字。

● 倾斜（O）：调整标注尺寸界线的倾斜角度。

3．编辑标注文字的位置

（1）执行方式

1）命令行：DIMTEDIT✓。

2）工具栏：单击"标注"工具栏中的⊥按钮。

3）快捷菜单：选择要移动的尺寸数字单击右键，在弹出的快捷菜单中选择"标注文字位置"→"单独移动文字"。

（2）操作过程

 任务 6-13 将图 6-21a 中的水平尺寸数字 2000 置于尺寸线的右侧。

启动命令，系统提示：

命令：_dimtedit

选择标注：（用鼠标单击需要编辑的标注）

指定标注文字的新位置或[左(L)/右(R)/中心(C)/默认(H)/角度(A)]：（在放置尺寸数字处单击鼠标，命令结束）

参数说明：

- 左（L）：沿尺寸线左对齐尺寸数字。
- 右（R）：沿尺寸线右对齐尺寸数字。
- 中心（C）：将尺寸数字放在尺寸线的中间。
- 默认（H）：将尺寸数字移回默认位置。
- 角度（A）：修改尺寸数字的角度。

上 机 练 习

 练习 6-1 绘制并标注下图 6-25 所示图形的尺寸。

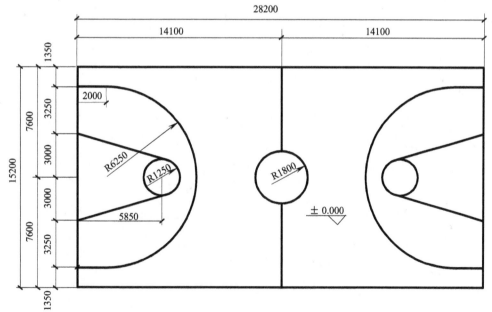

a）篮球场

图 6-25　练习 6-1

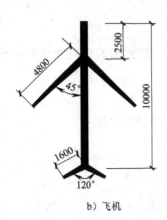

b）飞机

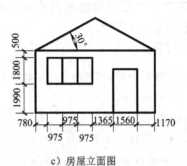

c）房屋立面图

图 6-25 练习 6-1（续）

练习 6-2 对附录 A 某砖混结构建筑施工图中的平面图、立面图、剖面图进行尺寸标注和文字标注。

提示：文字样式中注意字体形式选择，一般选择仿宋字；标注文字时可以利用复制和DDEDIT 命令快速标注；尺寸标注多采用连续标注；进行细部、轴线和总尺寸三道尺寸线标注时，可以先绘制辅助线确定三条尺寸线位置再利用连续标注命令完成标注。

第 7 章 建筑施工图的绘制

 学习要点 ••

- ⊕ AutoCAD 建筑施工图绘图环境的常用设置
- ⊕ 绘制建筑平面图的方法
- ⊕ 绘制立面图的方法
- ⊕ 绘制剖面图的方法
- ⊕ 绘制墙身大样图的方法

••

建筑施工图是表达建筑物的总体布局、定位、外部造型、内部布置、细部构造、内外装饰、固定设施和施工要求等的图样。建筑施工图主要是为施工服务的，作为施工放线、砌筑基础及墙身、铺设楼板、安装门窗、室内外装饰的依据，同时也是编制预算和施工组织计划的依据。建筑施工图一般包括图纸目录、总平面图、建筑施工总说明（有时包括结构总说明）、门窗表、建筑平面图、建筑立面图、建筑剖面图和建筑详图等。

绘制建筑施工图是房屋建筑设计的最后阶段，是在建筑平、立、剖初步设计或技术设计的基础上，综合建筑、结构、设备各工种的相互关系，经过核实、校对、调整，把满足建筑工程施工的各项具体要求反映在图样中，并做到整套图样统一、尺寸齐全、准确无误等。为此应根据正投影原理并遵守《房屋建筑制图统一标准》（GB/T 50001—2010）以及《建筑制图标准》（GB/T 50104—2010）等制图规范和标准进行绘制。这些制图标准对建筑施工图常用的符号画法及标注方法做了明确的规定。本章选用一套钢筋混凝土框架结构办公楼作为实例，详细讲解运用 AutoCAD 绘制建筑施工图的方法。

7.1 绘图环境设置

在开始绘制一套建筑施工图之前，首先应进行绘图环境的设置，即进行图形界限、图层、文字样式、标注样式等的设定。

7.1.1 设置图形界限

观察附录 C 所有图样，本例采用施工图的绘图比例大多为 1:100，但在进行 CAD 绘图时，为提高绘图速度和准确性，最好全部采用真实尺寸绘图，即为 1:1 绘图。对于初学者，图形界限的设定既要保证所有图形均在界限中，同时也不要对观察造成太大影响。因此图形界限尺寸的设定是所绘图形的最长和最宽尺寸的 2～3 倍即可。在绘制建筑施工图时，一一般先绘制一层平面图，本工程一层平面的最大尺寸是长 42300mm、宽 11850mm，可将一层平面图的图形界限设置为 120000mm×84000mm。

1．执行方式

（1）下拉菜单："格式"→"图形界限"。

（2）命令行：LIMITS↙。

2．操作过程

启动命令，系统提示：

> **命令：_ limits**
> **重新设置模型空间界限：**
> **指定左下角点或[开(ON)/关(OFF)] <0.0000,0.0000>：**↙
> **指定右上角点<12.0000,9.0000>：120000，84000**
> **命令：Z**↙
> **ZOOM**
> **指定窗口的角点，输入比例因子（nX 或 nXP），或者**
> **[全部(A)/中心(C)/动态(D)/范围(E)/上一个(P)/比例(S)/窗口(W)/对象(O)] <实时>：A**↙

这样就设定了图形界限 120000mm×84000mm，并将图形界限充满绘图窗口显示。

7.1.2 设置绘图单位

单击"格式"下拉菜单→"单位"命令，打开"图形单位"对话框，在"长度"选项组中的"类型"下拉列表中选择"小数"，在"精度"下拉列表中选择"0"，其他设置保持系统默认参数，如图 7-1 所示，单击"确定"按钮设置完成。

图 7-1 "图形单位"对话框

7.1.3 设置图层

在图层设置时，应对图层的名称、颜色、线宽、线型等进行设定。一般来说，图层的颜色及线型可以自由定义，但是建筑图中有一些通用的图层，并且在《房屋建筑制图统一标准》（GB/T 50001—2010）中做了明确的规定，为了使初学者绘制的图样方便其他技术人员阅读修改，并与其他绘图软件更好地兼容使用，在绘图时应尽量采用这些通用的颜色和线型设置。在对线宽进行设置时，有两种方法，第一种是不设定线宽，在图样打印时根据图层的颜色进行线宽设定即可；第二种是直接设定线宽，在绘图中可能观察更方便一些。本书为便于读者更好识别，采用后一种方法。建筑施工图主要包括以下图层，见表 7-1。

表 7-1 建筑施工图常用图层

图 层 名 称	代表建筑构件	参 考 颜 色	线 型	备 注
轴线	轴线	红色	CENTER 或 CENTER2	建筑施工图中的轴线
墙线	墙	黄色	Continuous	各种材质墙体
柱子	柱子	黄色	Continuous	各种材质柱

图 层 名 称	代表建筑构件	参 考 颜 色	线 型	备 注
门窗	门窗	青色	Continuous	
楼梯	楼梯	绿色	Continuous	
文字	文字	白色	Continuous	标注的数字及注写的汉字
标注	标注	绿色	Continuous	标注的尺寸线及文字
楼地面	地面	白色	Continuous	地面或散水
梁板	梁板	黄色	Continuous	梁板边线
辅助线		白色	Continuous	绘图时，临时绘制的辅助线

> **提示**
>
> 　1．本表中的图层名称及颜色线型等仅供参考，绘图者可自行设定。
>
> 　2．由于墙线在打印时线宽有可能与其他图层的线宽不同，尽量将墙线层颜色与其他图层颜色区别开来。
>
> 　3．可将墙线层的线宽设为 0.5mm。

7.1.4　设置文字样式

在"文字样式"对话框中，需设置一些文字样式，以方便书写文字，见表 7-2。

表 7-2　常用文字样式设置

文字样式名称	字 体 名	高度	宽度因子	倾斜角度	效 果	是否使用大字体	备 注
轴线编号	Complex	0	1	0	无特殊效果	否	用于轴线号的注写
数字	simplex	0	0.7	0	无特殊效果	否	用于所有数字的注写
汉字	仿宋_GB2312	0	1	0	无特殊效果	否	用于所有汉字的注写
DIM	simplex.shx gbcbig.shx	0	1	0	无特殊效果	是	用于所有数字和汉字的注写
AXIS	Complex.shx gbcbig.shx	0	1	0	无特殊效果	是	用于轴线号的注写
黑体	黑体	0	1	0	无特殊效果	否	用于图名注写

以上 6 种文字样式在施工图绘制中均有采用，目前较为常用的是 DIM 和 AXIS。

7.1.5　设置对象捕捉方式

在设置对象捕捉方式时，只需选择端点、交点即可。其他各特征点可进行临时捕捉。如图7-2 所示。

7.1.6　存盘

设置好绘图环境后，单击"文件"下拉菜单→"保存"，进行存盘，也可以存成样板文件。

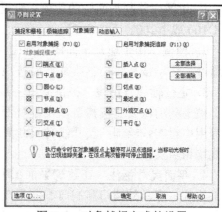

图 7-2　对象捕捉方式的设置

7.2 绘制建筑平面图

7.2.1 建筑平面图的形成

假想用一个水平剖切面，沿门窗洞口（通常离本层楼地面约 1.2m，在上行的第一个梯段内）将房屋剖切开，移去剖切面及以上部分，将余下的部分按正投影的原理，投射在水平投影面上得到的图样称为建筑平面图。建筑平面图是表达建筑物的基本图样之一，它反映了建筑物的平面布置。它表示建筑物平面形状、房间及墙（柱）布置、门窗类型位置以及其他建筑构配件的位置、大小、材料等情况，是建筑施工图中的一部分，是施工放线、墙体砌筑、门窗安装及室内装修等的施工依据。由于建筑平面图能够集中地反映建筑使用功能方面的问题，所以绘制建筑施工图应从建筑平面图入手。

7.2.2 建筑平面图的主要内容

建筑平面图包括首层平面图、标准层平面图、屋顶平面图、地下室平面图等，建筑平面图中通常包含以下内容：

（1）层次、图名、比例。

（2）建筑物的某一层的平面形状，包括房间的形状、用途以及建筑物的总长和总宽。

（3）纵横定位轴线及其编号。

（4）建筑物内部各房间的尺寸、大小及相互关系，楼梯（电梯）和出入口的位置。

（5）墙、柱的断面形状及尺寸等。

（6）门、窗布置及其型号。

（7）楼梯梯级的形状，梯段的走向和级数。

（8）其他构件，如台阶、花台、雨篷、阳台以及各种装饰等的布置、形状和尺寸，厕所、盥洗间、厨房等固定设施的布置等。

（9）平面图中应标注的尺寸和标高，以及某些坡度及其编号，表示房屋朝向的指北针。

（10）屋顶平面图中应表示出屋顶形状、屋面排水方向、坡度或泛水以及其他构配件的位置。

7.2.3 建筑平面图的图示方法及要求

1. **比例** 绘制平面图的比例，应根据房屋的大小和复杂程度选用。平面图的比例常采用 1:100 或 1:200。

2. **图例** 由于建筑平面图的绘图比例较小，图样中许多建筑构造、配件（如门、窗、孔道等）均不按真实投影绘制，而按规定的图例表示。

3. **定位轴线及图线** 被剖到的主要建筑构件，如承重墙、柱等断面轮廓线用粗实线绘制；被剖到的次要建筑构造以及没有剖到但可见的配件轮廓线，如台阶、窗台、阳台和散水等用中粗实线绘制；尺寸线、尺寸界线和引出线等用细实线绘制；剖切位置线及剖视方向线均用粗实线绘制。

4. **平面尺寸标注** 在建筑平面图中，所有外墙外一般应标注三道尺寸，最内侧一道是细部尺寸，表示外墙门窗洞口、洞间墙等尺寸。中间一道尺寸表示轴线尺寸，即房间的开间与进深尺寸、柱距等。最外面一道尺寸表示建筑物的总长、总宽，即从一端的外墙皮到另一端的外墙皮的尺寸。此外，还须注出某些局部尺寸（通常用一道尺寸线表示）。

5. **标高**　在平面图中，一般应表明楼地面、台阶顶面、阳台顶面、楼梯休息平台以及室内外地面标高。

6. **符号及指北针**　首层平面图中应标注建筑剖面图的剖切位置和投影方向，并注出编号。套用标准图集或另有详图表示的构配件、节点，均需标注出详图索引符号。首层平面图一般在图样右上角画出指北针符号，以表明房屋的朝向。

7.2.4　建筑平面图的绘制过程

本实例为五层框架结构办公楼，平面图包括首层、二层、三层、四层、五层及屋面排水图、屋顶平面图。绘图可从首层平面图开始，其余各层平面图可在一层平面图的基础上复制修改即可得到，因此本章主要讲述首层平面图的绘制。步骤如下：

1. **绘制定位轴线**　打开 7.1 节设置好的图形文件，用显示缩放命令显示整个图形界限，打开捕捉，采用正交方式，将轴线图层置为当前层。用直线命令绘制长为 41950 的水平线，和长度为 11650 的垂直线，即 A 轴和 1 轴；如图 7-3 所示，按照图中轴线尺寸分别偏移 A 轴和 1 轴，并运用修剪命令，得到如图 7-4 所示的轴线图。

图 7-3　起始轴线图　　　　　　图 7-4　轴线图

☞**提示** ------

　　绘制轴线时，有时并不能显示出点画线，此时首先确认轴线的线型是点画线，其次应在"格式"下拉菜单中单击"线型"，将全局比例因子调整到合适的数值，全局比例因子可以设为 100，当前比例因子为 1.000。

2. **绘制柱网**

（1）柱子的绘制及填充：在比例为 1:100 的平面图中，柱子不必绘制出图例，直接涂黑即可。本实例的柱子截面尺寸为 500mm×500mm，绘制方法如下：

1）在"图层"下拉列表中选择"柱子"图层作为当前层，利用矩形命令绘制 500mm×500mm 的矩形，如图 7-5a 所示。

2）利用图案填充中的 SOLID 进行填充，如图 7-5b 所示。

3）柱子填充命令执行过程：

亦可直接在命令行中输入 SOLID，对柱子进行填充。如图 7-5b、c 所示。

在命令行中输入 SOLID 或 SO 并回车，执行命令后，系统提示：

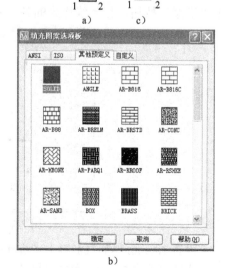

图 7-5　柱子绘制及填充

命令：_solid
指定第一点：（用鼠标左键选取 1 点）
指定第二点：（用鼠标左键选取 4 点）
指定第三点：（用鼠标左键选取 2 点）
指定第四点或<退出>：（用鼠标左键选取 3 点）
指定第三点：✓

（2）柱子的复制

利用复制的方法将柱子复制到各个指定位置，在复制时注意只有中柱的中心与轴线交点重合，边柱的中心有可能与轴线交点不重合。绘制时应选好复制的基点，柱网绘制结果如图 7-6 所示。

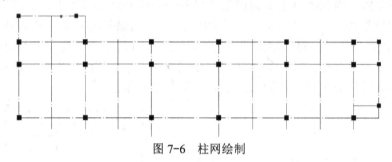

图 7-6　柱网绘制

3．绘制墙体　绘制墙体线的方法主要有两种方法，一是运用多线进行绘制，另一种是利用偏移命令进行绘制。

（1）多线绘制墙体线：将"墙线"层置为当前层，经过观察，本实例的墙体主要为 200mm 厚加气混凝土砌块墙，多线绘制墙体首先应进行多线样式的设定，然后，运用当前多线样式绘制墙体。

1）多线样式设置：设置 200mm 厚加气混凝土砌块内墙，观察附图 C-1，所有内墙的轴线均居中，单击"格式"下拉菜单→"多线样式"，输入样式名称为"200 内墙"，单击"继续"按钮，将多线样式的各元素定义成如图 7-7 所示的内容。

图 7-7　200 厚内墙多线样式设置

设置 200mm 厚加气混凝土砌块外墙，观察附图 C-1，所有外墙均位于轴线外侧，且外墙内边线均距轴线 50mm，单击"格式"下拉菜单→"多线样式"→"新建"，输入样式名称为"200 外墙"，点击"继续"按钮，将多线样式的各元素定义为如图 7-8 所示的内容。

土木工程 CAD

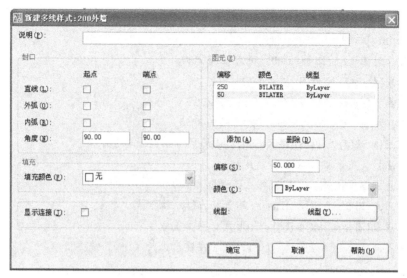

图 7-8　200mm 厚外墙多线样式设置

2）绘制墙体线：在进行墙体绘制时，外墙体线对正类型设置为 "无"、比例为"1.00"。内墙体线对正类型设置为"无"、比例为"1.00"。

① 绘制图 7-9 所示的 200mm 厚内墙：将"200 内墙"样式置为当前，将"墙线"图层置为当前层，单击"绘图"下拉菜单→"多线"，或命令行中输入 ML 并回车，绘制过程如下：

图 7-9　内墙绘制

启动命令，系统提示：

命令：_mline
当前设置：对正=上，比例=1.00，样式=200 内墙
指定起点或[对正(J)/比例(S)/样式(ST)]：J✓
输入对正类型[上(T)/无(Z)/下(B)] <上>：Z✓
当前设置：对正=无，比例=1.00，样式=200 内墙
指定起点或[对正(J)/比例(S)/样式(ST)]：（用鼠标左键选取 1 点）
指定下一点：（用鼠标左键选取 2 点）
指定下一点或[放弃(U)]：*取消*（按键盘上的【Esc】键退出命令）

启动命令，系统提示：

命令：_mline
当前设置：对正=无，比例=1.00，样式=200 内墙
指定起点或[对正(J)/比例(S)/样式(ST)]：（用鼠标左键选取 3 点）
指定下一点：（用鼠标左键选取 4 点）
指定下一点或[放弃(U)]：*取消*（按键盘上的【Esc】键退出命令）

重复上述命令，则可绘出全部 200mm 厚内墙体，如图 7-9 所示。

② 绘制图 7-10 所示的 200mm 厚外墙：将"200 外墙"样式置为当前，将"墙线"图层置为当前层，单击"绘图"下拉菜单→"多线"，或命令行中输入 ML 并回车，绘制过程如下：

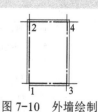

图 7-10　外墙绘制

第7章 建筑施工图的绘制

133

启动命令，系统提示：

命令：_mline

当前设置：对正=上，比例=1.00，样式=200外墙

指定起点或[对正(J)/比例(S)/样式(ST)]：J✓

输入对正类型[上(T)/无(Z)/下(B)] <上>：Z✓

当前设置：对正=无，比例=1.00，样式=200外墙

指定起点或[对正(J)/比例(S)/样式(ST)]：（用鼠标左键选取1点）

指定下一点：（用鼠标左键选取2点）

指定下一点或[放弃(U)]：（用鼠标左键选取4点）

指定下一点或[闭合(C)/放弃(U)]：（用鼠标左键选取3点）

指定下一点或[闭合(C)/放弃(U)]：（用鼠标左键选取1点）

指定下一点或[闭合(C)/放弃(U)]：*取消*（按键盘上的【Esc】键退出命令）

👉 **提示**

　　绘制连续200mm厚外墙时，应注意绘图顺序，应从左下角按顺时针的顺序进行绘制，此时，200mm墙体厚度将始终位于外侧。

　　按照以上方法，依据轴线图绘制全部内外墙体。用多线编辑命令编辑T形接头、角点结合、十字接头的部分，最终绘制成如图7-11所示的平面图。

　　（2）运用偏移的方法绘制墙体线，以绘制200mm内墙体为例，将"墙线"图层置为当前层，绘制过程：

图7-11　内外墙体线的绘制

　　启动命令，系统提示：

命令：_offset

当前设置：删除源=否　图层=当前　OFFSETGAPTYPE=0

指定偏移距离或[通过(T)/删除(E)/图层(L)] <60>：L✓

输入偏移对象的图层选项[当前(C)/源(S)] <当前>：C✓

指定偏移距离或[通过(T)/删除(E)/图层(L)] <60>：100✓

选择要偏移的对象，或[退出(E)/放弃(U)] <退出>：（选取轴上任一点）

指定要偏移的那一侧上的点，或[退出(E)/多个(M)/放弃(U)] <退出>：（选取左侧任一点）

选择要偏移的对象，或[退出(E)/放弃(U)] <退出>：（选取轴上任一点）

指定要偏移的那一侧上的点，或[退出(E)/多个(M)/放弃(U)] <退出>：（选取右侧任一点）

选择要偏移的对象，或[退出(E)/放弃(U)] <退出>：*取消*（按键盘上的【Esc】键退出命令）

　　按照以上方法绘制所有内外墙体，对以上方法绘出的墙体运用修剪、延伸等编辑命令，即可得到如图7-11所示的图形。

👉 **提示**

　　进行偏移操作时，命令中偏移对象图层选项一定为"当前"，这样将"轴线"进行偏移即可直接得到"墙体"。

　　4．绘制门窗

　　（1）门窗洞口的绘制：为便于编辑，先将多线绘制的墙体线运用分解命令进行分解，

按附图 C-1 的尺寸偏移轴线，如图 7-12 所示，将轴线更改为"墙线"图层。也可在偏移时，将偏移的图层选项设为当前墙线图层，则不必更改图层。然后进行修剪，则可得到如图 7-13 所示的窗洞。其余窗、门洞口按此法绘制，如图 7-14 所示。

图 7-12　轴线偏移后的窗洞　　　图 7-13　修剪后的窗洞　　　图 7-14　门窗洞口

（2）窗线的绘制：将"门窗"层置为当前层，用直线命令和偏移命令绘制窗的 4 条线。对于窗立樘在墙中的窗，4 条线的距离可以均等，如图 7-15 所示。运用复制命令将窗线复制到各尺寸相同的窗洞，如果相同的门窗数量多，可将该窗做成图块，进行插入。

（3）门的绘制：门主要由门线及开启线组成。绘制时先绘制门线再绘制开启线，得到如图 7-16 所示的门。

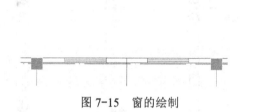

图 7-15　窗的绘制　　　　　　　　图 7-16　门的绘制

1）绘制门线的操作过程：

启动命令，系统提示：

命令：_line
指定第一点：（选取 AB 的中点）
指定下一点或[放弃(U)]：1000✓
指定下一点或[放弃(U)]：*取消*（按键盘上的【Esc】键退出命令）

2）绘制门开启线的过程：运用圆弧命令，选择起点、圆心、端点的方式。

启动命令，系统提示：

命令：_arc 指定圆弧的起点或[圆心(C)]：（选取 CD 的中点）
指定圆弧的第二个点或[圆心(C)/端点(E)]：_c 指定圆弧的圆心：（选取 AB 的中点）
指定圆弧的端点或[角度(A)/弦长(L)]：（选取门的端点 E）

按照以上步骤绘出各类门，制作成图块，进行插入即可，如图 7-17 所示。

5. 绘制楼梯　楼梯通常由楼梯段、平台、栏杆或栏板及扶手组成，建筑平面图中楼梯间主要表明梯段的长度和宽度、上行或下行的方向、踏步数和踏面宽度、楼梯休息平台的宽度、栏杆

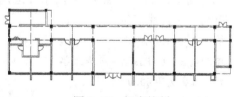

图 7-17　门窗绘制

扶手的位置以及其他一些平面形状。在绘制楼梯之前，应确定以上尺寸，将楼梯层置为当前层。

楼梯平面图的画法，以首层的楼梯为例。

（1）首先在楼梯间定出平台的宽度、梯段长度和宽度的尺寸，以及踏步的尺寸。

（2）绘制踏步。根据上述尺寸确定第一个踏步的位置，并用直线命令绘出第一条踏步线，本实例在距 C 轴 2550mm 处绘制长 1200mm 的垂直线段。调用偏移命令，偏移距离 280mm，绘出 12 条踏步线。

（3）绘制栏杆、剖切线和箭头等。

1）连接踏步线 AB，偏移 AB，偏移距离 60mm，并封闭两端，修剪栏杆内的踏步线，形成栏杆和扶手。

2）剖切处绘制 45°折断符号，首层楼梯平面图中的 45°折断符号应以楼梯平台板与梯段的分界处为起始点绘出，使第一梯段的长度保持完整，将剖断线右面剖断的踏步及栏杆进行修剪。

3）楼梯平面图中，梯段的上行或下行方向是以各层楼地面为基准标注的。该楼梯段从本层楼地面向上者称为上行，向下者称为下行，并用长线箭头和文字在该梯段上注明上行、下行的方向。如图 7-18 所示。

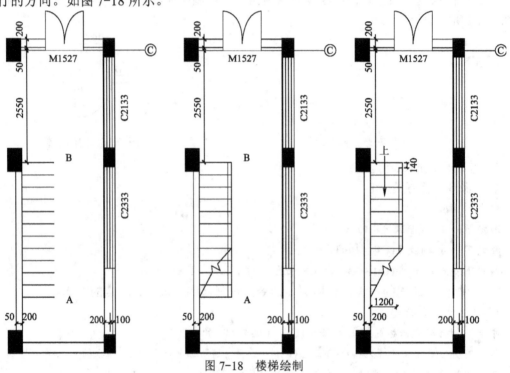

图 7-18　楼梯绘制

（4）箭头绘制：如图 7-19 所示，运用多段线命令绘制箭头。

启动命令，系统提示：

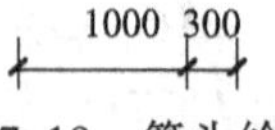

命令：_pline

指定起点：（用鼠标在屏幕上单击一点）

当前线宽为 0.0000

指定下一个点或[圆弧(A)/半宽(H)/长度(L)/放弃(U)/宽度(W)]：1000↙

指定下一点或[圆弧(A)/闭合(C)/半宽(H)/长度(L)/放弃(U)/宽度(W)]：W↙

指定起点宽度<0.0000>：80↙

指定端点宽度<80.0000>：0↙

图 7-19　箭头绘制

指定下一点或[圆弧(A)/闭合(C)/半宽(H)/长度(L)/放弃(U)/宽度(W)]：**300**↙

指定下一点或[圆弧(A)/闭合(C)/半宽(H)/长度(L)/放弃(U)/宽度(W)]：（单击鼠标右键，在弹出的快捷菜单中选择"确认"）

☞ 提示 ---
    在绘制楼梯平面图时，箭头前的直线长度根据图形可以灵活确定。
----

6. **绘制散水和台阶** 绘制如图 7-20d 所示的台阶，将"台阶"层置为当前层。

（1）用偏移命令将 C 轴外墙边线向外偏移 1150mm，在门洞口边绘制辅助线，向外偏移辅助线 300mm，如图 7-20a 所示。

（2）用圆角命令将垂直的台阶线相连，圆角半径设为 0，如图 7-20b。

（3）将第一步台阶向外偏移 300mm，如图 7-20c。

（4）利用圆角命令，将偏移的台阶线相交。

（5）绘制散水。用偏移命令将外墙或平台边线向外偏移 900mm，并将其改变为"散水"图层。

（6）用圆角命令将垂直相交的散水线相连，圆角半径设为 0。

（7）将所有外墙转角部分用 45° 斜线绘制散水交接线。如图 7-20d 所示。

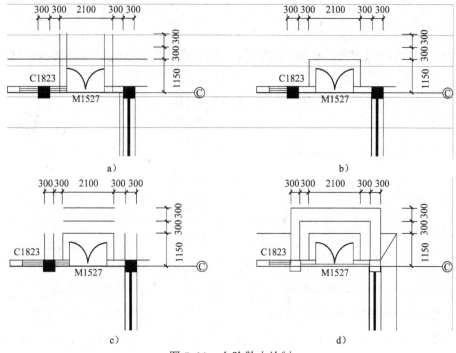

图 7-20 台阶散水绘制

7. **标注尺寸** 在平面图中，一般标注三道尺寸，最外面的一道尺寸为建筑物的总长和总宽，表示外轮廓的总尺寸，又称为外包尺寸；中间的一道尺寸为房间的开间和进深尺寸，表示轴线间的距离，称为轴线尺寸；里面的一道尺寸为门窗洞口、墙厚的尺寸，表示各细部的位置及大小，称为细部尺寸。对于首层平面图，还应标注室外台阶、花池、散水等局部尺寸。此外，在平面图内还需注明局部的内部尺寸，以表示内门、内窗、内墙厚及内部设备等尺寸。

平面图中应标明各层地面的标高，首层地面标高为±0.000，其余各层均标注相对建筑标高，室外地坪可标注相对标高或绝对标高。

（1）创建标注样式：标注样式是标注设置的命名集合，设置时应严格按照《房屋建筑制图统一标准》（GB/T 50001—2010）以及《建筑制图标准》（GB/T 50104—2010）进行。由于平面图、立面图、剖面图均为 1:100 出图比例，故应将标注中的超出尺寸、箭头大小、文字大小等要素在制图标准规定的基础上扩大 100 倍。

1）创建新的标注样式名：单击"格式"下拉菜单→"标注样式"，执行命令后，弹出"标注样式管理器"对话框，单击"新建"按钮，创建样式名为"DIM100"的标注样式，如图 7-21 所示。

图 7-21 "创建新标注样式"对话框

2）设置尺寸线：将尺寸线和尺寸界线的颜色、线型、线宽均设为"ByLayer"，尺寸界线按照制图标准宜超出尺寸线 2~3mm，本例中应为 200~300mm，故输入 200mm，起点偏移量设为 0，如图 7-22 所示。

3）设置箭头：箭头选用"建筑标记"，箭头大小为 200mm，如图 7-23 所示。

☞ 提示

根据制图规范，尺寸起止符号一般用中粗斜短线绘制，其倾斜方向应与尺寸界线成顺时针 45° 角，长度宜为 2~3mm。

图 7-22 设置尺寸线和尺寸界线

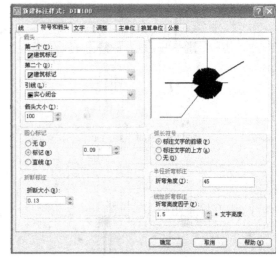

图 7-23 设置箭头

4）设置文字外观：文字样式选用 DIM，文字的颜色选择"ByLayer"，文字高度为 300mm。

在"文字位置"选项组中，垂直选"上方"，水平选择"居中"，从尺寸线偏移设置为 100mm，在"文字对齐"选项组，选择"与尺寸线对齐"单选框，如图 7-24 所示。

5）设置主单位，如图 7-25 所示。

6）完成创建，在"主单位"选项卡的下部单击"确定"，即返回到"标注样式管理器"中，单击"关闭"，即完成创建。

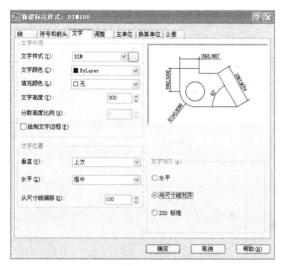

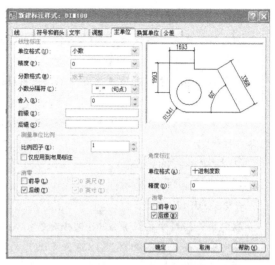

图 7-24　设置文字　　　　　　　　图 7-25　设置主单位

（2）进行尺寸标注

1）将"标注"图层置为当前层，将"DIM100"标注样式置为当前样式。将对象捕捉方式仅保留端点和交点。为方便捕捉，将"台阶""散水"图层关闭。

2）运用线性标注和连续标注进行尺寸标注，注意不要遗漏。每两道尺寸线间隔为700～1000mm，如图7-26所示。

> 📖 **提示**
>
> 根据制图规范，图样轮廓线以外的尺寸界线距图样最外轮廓之间的距离，不宜小于10mm。平行排列的尺寸线的间距，宜为7～10mm，并应保持一致。

① 标注细部尺寸线。

单击"标注"下拉菜单→"线性"。

启动命令，系统提示：

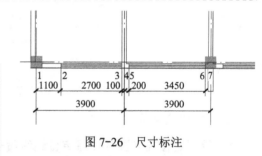

图 7-26　尺寸标注

命令：_dimlinear

指定第一条尺寸界线原点或<选择对象>：（捕捉1点）

指定第二条尺寸界线原点：（捕捉2点）

指定尺寸线位置或

[多行文字(M)/文字(T)/角度(A)/水平(H)/垂直(V)/旋转(R)]：1000↙（输入尺寸界线长度）

标注文字=1100

单击"标注"下拉菜单→"连续"。

启动命令，系统提示：

命令：_dimcontinue

指定第二条尺寸界线原点或[放弃(U)/选择(S)] <选择>：（捕捉3点）

标注文字=2700

指定第二条尺寸界线原点或[放弃(U)/选择(S)] <选择>：（捕捉4点）

标注文字=100

指定第二条尺寸界线原点或[放弃(U)/选择(S)] <选择>：（捕捉 5 点）

标注文字=200

指定第二条尺寸界线原点或[放弃(U)/选择(S)] <选择>：（捕捉 6 点）

标注文字=3450

指定第二条尺寸界线原点或[放弃(U)/选择(S)] <选择>：（单击鼠标右键，在弹出的快捷菜单中选择"确认"）

② 标注轴线间距离。

启动命令，系统提示：

命令：_dimlinear

指定第一条尺寸界线原点或<选择对象>：（捕捉 1 点）

指定第二条尺寸界线原点：（捕捉 4 点）

指定尺寸线位置或

[多行文字(M)/文字(T)/角度(A)/水平(H)/垂直(V)/旋转(R)]：2000↙（输入尺寸界线长度）

标注文字=3900

（3）绘制辅助线第一道辅助线距外轮廓 2000mm（根据规范大于 1000mm 即可），标注完毕后，将所有尺寸线整体移动到辅助线位置，如图 7-27 所示。

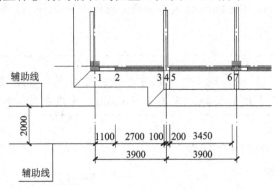

图 7-27　标注尺寸移动

（4）完成全部标注。

8．绘制定位轴线圆及注写定位轴线编号

（1）定义轴线圆属性块：

1）绘制定位轴线圆：将"0"层设置为当前层，定位轴线圆直径为 8mm，本实例绘制的是 1:100 的平面图，故定位轴线圆直径设为 800mm。

2）定义轴线圆属性块：单击"绘图"下拉菜单→"块"→"定义属性"进行相应设定，如图 7-28 所示。

3）创建属性块：执行 BLOCK 命令，弹出"块定义"对话框，创建属性块，选择合适的拾取点，对于横向定位轴线的下部轴线圆，应选择轴线圆的上部

图 7-28　"属性定义"对话框

象限点；横向定位轴线的上部轴线圆。应选择轴线圆的下部象限点，同理，确定纵向定位轴线的属性块插入点。如图 7-29 所示。

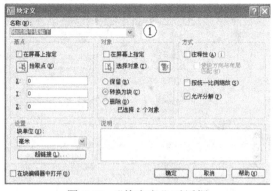

图 7-29 "块定义"对话框

（2）在平面图中标注轴线编号：在图 7-30 中绘制辅助线 4，令其与最后一道尺寸线相距 900mm，运用延伸命令，将轴线延伸至辅助线 4，确定轴线圆位置。单击"插入"下拉菜单→"块"，弹出图 7-31 所示对话框，在"名称"下拉列表中选择"轴线编号横轴下"，插入轴线与辅助线 4 交点的位置，并输入相应数字。依次绘制所有轴线圆及编号。

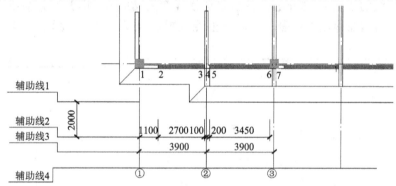

图 7-30 插入轴线圆及轴线号注写

图 7-31 "插入"对话框

9. 文字注写 打开"文字样式"对话框，选择"DIM"文字样式，将其置为当前，如图 7-32 所示。单击"绘图"下拉菜单→"文字"→"单行文字"，根据制图规范，汉字的字高有 3.5mm、5mm、7mm、10mm 等。故本实例将汉字字高设为 500mm，进行房间名称等的注写。可先注写一个名称，调整好位置，利用多次复制并进行编辑修改，将其他文字写出，注意做到布局美观，排列整齐。图名的注写可采用"黑体"文字样式，字高 700mm。

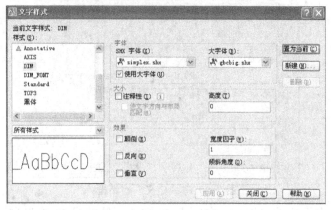

图 7-32 "文字样式"对话框

10. **加图框和标题栏** 新的建筑制图统一标准对图框进行了修订，以下是 2 号图图框示例，绘制主要采用直线命令或矩形命令绘制图框，运用拉伸、偏移和多段线编辑命令进行修改。图框线的线宽为 100mm，标题栏边线线宽为 70mm，标题栏分格线为 35mm。用直线、偏移和修剪命令绘制标题栏，将平面图放置在合理位置。如图 7-33 所示。

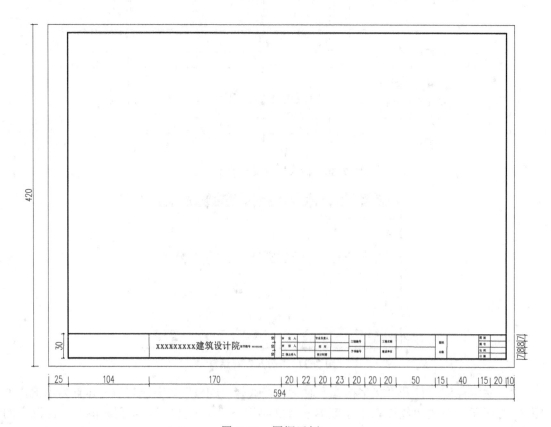

图 7-33 图框示例

土木工程 CAD

11. **检查全图**　通过显示缩放、实时缩放和窗口缩放及平移命令浏览全图，检查每一部分，发现错误，进行修改，直到正确无误为止。

12. **绘制其他各层平面图**　其他各层平面图与首层平面图有许多相似之处，通过复制和编辑命令，即可完成各层平面图的绘制。

首层平面图见附图 C-1。

7.3　绘制建筑立面图

建筑立面图是表示建筑物的外部造型、立面装修及其做法的图样。建筑立面图在施工过程中是外墙面装饰及工程概预算、备料等的依据。

7.3.1　建筑立面图的图示内容

（1）图名、比例。

（2）立面图两端的定位轴线及其编号。

（3）建筑物外部轮廓形状及屋顶外形。

（4）门窗的形状、位置以及开启的方向符号。

（5）各种墙面、台阶、花台、雨篷、窗台、阳台、雨水管、线脚的位置、形状等。

（6）建筑物外墙、阳台、雨篷、勒脚和引条线等面层用料、色彩和装修做法。

（7）室内外地坪、楼面、阳台、平台、门窗洞口、女儿墙顶、水箱及檐口、屋顶的标高及必须标注的局部尺寸。

（8）详细的索引符号。

7.3.2　建筑立面图的图示要求

1. **比例**　建筑立面图的比例，通常采用与建筑平面图相同的比例和图幅。

2. **图线**　为了使立面图外形清晰，立面图上的屋脊、外墙等房屋主要外轮廓线用粗实线（线宽为 b）绘制；室外地平线用加粗实线（线宽为 1.4b）绘制；门窗洞口、窗台、窗套、檐口、雨篷、台阶和遮阳板等建筑设施或构配件的外轮廓线用中实线（线宽为 0.5b）绘制；门窗扇、勒脚、雨水管、栏杆、墙面分隔线，及有关说明引出线、尺寸线、尺寸界线和标高均用细实线（线宽为 0.25b）绘制，本实例的线宽 b 选定为 0.5mm。

3. **尺寸及标高标注**　立面图不标注水平方向的尺寸，只画出最左和最右两端的轴线，以便与平面图对照，并根据其编号及相对位置判断观察方向。立面图上应标出室外地坪、室内地面、勒脚、窗台、门窗顶和檐口等处的标高，为了标注的清晰、整齐和便于看图起见，常将各层相同构造的标高注写在一起，排列在同一条铅垂线上。

7.3.3　建筑立面图的绘制过程

1. **绘制定位线**　因建筑立面图与建筑平面图是有"长对正"投影关系的两面视图，立面图中的长度尺寸是以平面图为基础而得到的，所以绘制立面图时首先应打开已经绘制好的平面图，从平面图中提取长度尺寸。本书以南立面图的绘制为例，讲述立面图的绘制过程。方法如下：

（1）复制一张标准层平面图，从图中绘制一系列竖向辅助线，包括轴线、外墙轮廓线、窗洞线，作为立面图中长度方向定位线，如图 7-34 所示。

（2）打开"辅助线"图层，绘制一条水平线，作为±0.000 所对应的标高线，与上述竖向直线相交。运用偏移命令，向上偏移这条直线，偏移距离 3900mm、3600 mm、3600 mm、3600mm、3600mm、2700mm，得到各层层高线，作为高度方向的定位线，如图 7-34 所示。

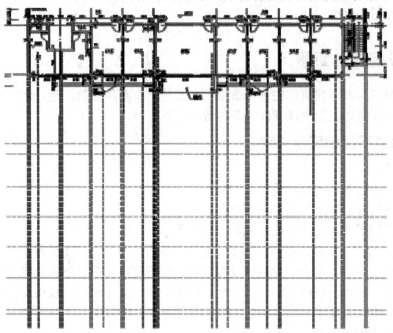

图 7-34　立面图定位线的绘制

2. **绘制建筑地坪线、外墙轮廓线**　将"墙线"层置为当前层，绘出建筑物的外轮廓，由于地坪线应用 1.4b，墙线应用 1.0b 的粗实线，因此轮廓线绘制采用多段线绘制，并将室外地坪线宽定为 70mm，外轮廓线宽为 50mm，如图 7-35 所示。

3. **绘制阳台、楼梯间、墙身及暴露在外墙外面的柱子等可见的轮廓线**　将立面阳台线置于当前层，线宽为 35mm，用多段线命令绘制阳台、楼梯间、墙身及暴露在外墙外面的柱子等可见的轮廓线，绘制时，必须通过平面图、立面图、剖面图彼此对照，方可得出本实例中阳台栏板高度、装饰线脚位置和高度等。对于立面图中的每一条线均需与平面图、剖面图进行尺寸校核。如图 7-36 所示。

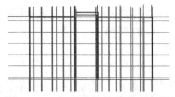

图 7-35　立面图外轮廓线的绘制

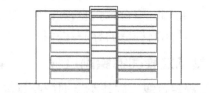

图 7-36　立面图建筑构件轮廓线的绘制

4. **绘制门窗、雨水管、外墙分割线、台阶、雨篷、坡道等立面图的细节部分**

（1）窗户是立面图中重要的图形对象，在绘制图上的窗户之前，先观察一下，这栋建筑物上一共有几种窗户，绘图时每种窗户可绘制一个，其余的窗户用 AutoCAD 的复制、缩放等编辑命令就可以绘制出来。以 C3223 为例（图 7-37），简单介绍绘制立面图窗户的方法。

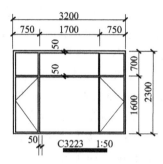

图 7-37 C3223 细部尺寸

1）将"0"层置为当前层，运用直线、偏移等命令绘制一组长 5000mm 的水平线和一组长 3000mm 的垂直线，直线间距离按照窗分格线距离，如图 7-38a 所示。

2）将以上直线进行偏移操作，偏移距离分别为 50mm 和 25mm，如图 7-38b 所示。

3）运用矩形命令，绘制矩形 ABCD、矩形 EFGH、矩形 IJKL、矩形 MNOP 以及窗外轮廓矩形。删除辅助线，如图 7-38c 所示。

4）运用镜像命令，以直线 JP 为镜像线，对所有矩形进行镜像操作，得到全部窗线。最后将中间的直线 JP 删除，如图 7-38d 所示。

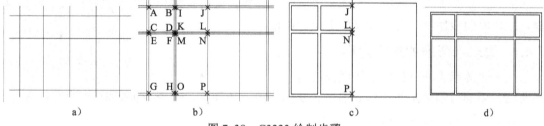

a)   b)   c)   d)

图 7-38 C3223 绘制步骤

根据以上方法即可绘制各种窗户。首层窗户与其他层差别较大，二层以上各层窗户基本相同。因此只需绘出首层和二层的窗户，将二层窗户进行复制，就能够绘出所有窗户。

（2）本实例中阳台的边线会将窗户下部遮挡一部分，需运用修剪等命令进行修改。

（3）本实例中台阶和雨篷都是由直线、偏移及修剪等命令绘制出来的，台阶和雨篷的形状及高度尺寸由平面图及剖面图确定。

完成上述工作之后，整个立面图的所有图形元素基本绘制出来了，如图 7-39 所示。

图 7-39 立面图

5．标注尺寸及标高　立面图的标注包括标注尺寸和外立面各部位的标高，如室外地坪、门窗洞的上下口、女儿墙顶面、入口的平台、雨篷和阳台地面的标高。尺寸标注前先绘制 4 条辅助尺寸线，分别为三道尺寸线位置线和标高符号的位置线。尺寸标注参考平面图尺寸标注步骤进行，这里只讲标高的标注。

标高标注时，标高符号是相同的，仅标高数字不同，故可将标高符号定义属性。属性标记为±0.000，提示为标高数值，值为±0.000，字高为300mm，如图 7-40 所示。绘制标高符号，定义图块命名为"标高"。标注标高时，

图 7-40　标高符号绘制

多次插入标高图块，配合对象捕捉工具（捕捉交点）进行标注，提示输入标高数值时输入相应的高度数值，这种方法充分利用了块属性、标注块，更加简捷方便。

立面图上文字说明较多，对于一些装修做法和一些结构材料，都需要用文字直接在图上注明。可以使用单行文字或多行文字命令进行文字的注写。

立面图见附图 C-2。

7.4　绘制建筑剖面图

建筑剖面图主要用来表示房屋内部的分层、结构形式、构造方式、材料、做法、各部位间的联系及其高度等情况。在施工过程中，建筑剖面图是进行分层、砌筑内墙、浇筑楼板、屋面板和楼梯以及内部装修等工作的依据。

7.4.1　建筑剖面图的主要内容

（1）主要承重构件的定位轴线及编号。
（2）所有被剖切到的墙体断面，各层的楼板、屋面板、屋顶层板断面。
（3）被剖切到的窗、门。
（4）被剖切到的楼梯及平台板断面。
（5）所有未被剖切到的可见部分，如室内的装饰、窗、门。
（6）楼梯扶手、栏杆扶手。
（7）表示房屋高度方向的尺寸及标高。
（8）详细的索引符号及文字说明。

7.4.2　建筑剖面图的图示要求

1．比例　建筑剖面图的比例，视房屋的大小和复杂程度选定，一般采用与建筑平面图、建筑立面图相同或较大一些的比例，常用比例为 1∶50、1∶100 等。

2．图线及定位轴线　室外地平线用加粗实线（线宽为 1.4b）绘制；剖切到的墙身、楼板、屋面板、楼梯、梯段板、楼梯平台、阳台、雨篷和散水等轮廓线用粗实线（线宽为 b）绘制；其他的可见轮廓线，如门窗洞、楼梯梯段及栏杆扶手、内外墙、踢脚和勒脚等均用中粗线（线宽为 0.5b）绘制；雨水管、雨水斗、门窗扇及其分隔线及有关说明引出线、尺寸线、尺寸界线和标高均用细实线（线宽为 0.25b）绘制。在建筑剖面图中，被剖切到的墙、柱通常要绘出定位轴线，并注写与平面图相同的编号。

3．尺寸标注及标高　外墙的竖向尺寸通常标注三道：最外一道标注室外地坪以上的总

尺寸；中间一道标注层高尺寸；里面一道标注门窗洞口及洞间墙的高度尺寸。此外，还需标注某些局部尺寸，如内墙上的门窗洞高度、窗台的高度、墙裙的高度、栏杆扶手的高度、雨篷和屋檐挑出长度、地槽深度以及剖面图上两轴线之间的尺寸等。在建筑剖面图中，宜标注室内外地坪、各层楼地面、楼梯平台面、阳台面、檐口顶面、女儿墙顶面和屋面的水箱顶面等标高及楼梯平台梁底面、雨篷底面和挑梁底面等的标高。

4. **详图索引符号**　在需要绘制详图的部位，应绘出索引符号。

7.4.3　建筑剖面图绘制过程

1. **绘制建筑的室内外地坪线、定位轴线及各层的楼面、屋面位置线**　将"轴线"层置为当前层，运用直线命令绘制剖面中的定位轴线；将"辅助线"层置为当前层，运用直线命令和偏移命令绘出室内外地坪线及各层楼面、屋面位置线，如图 7-41 所示。

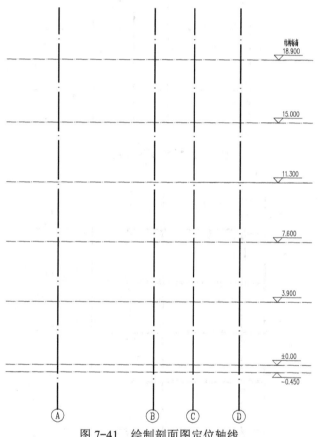

图 7-41　绘制剖面图定位轴线

2. **根据轴线及位置线绘出所有被剖切到的墙体断面轮廓及未剖切到的可见墙体轮廓**　墙体线的绘制与平面图相同，如图 7-42 所示。

3. **绘出各层的楼面、屋面剖切到的断面、给出各种梁的轮廓或断面**　如图 7-43 所示，楼层定位轴线与楼板的轮廓线不在同一高度，两者相差楼板层的装饰面层做法厚度，应按照工程做法厚度确定两者位置。本实例中，所剖到的楼板层装饰构造做法厚度均为 100mm。

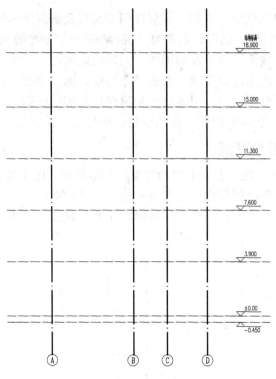

图 7-42　绘制墙体剖面图

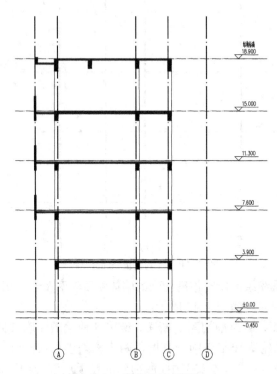

图 7-43　楼板各层剖面图

（1）将"梁边线"层置为当前层，根据梁板的尺寸，运用直线、偏移、修剪等命令绘制首层梁板、阳台板及阳台栏板的边线，如图 7-44a 所示。

（2）调用图案填充命令，图案为 SOLID，采用拾取点的方式选择填充边界，注意所有梁板边线必须组成闭合的边界，填充后即得二层梁板剖面图，如图 7-44b 所示。

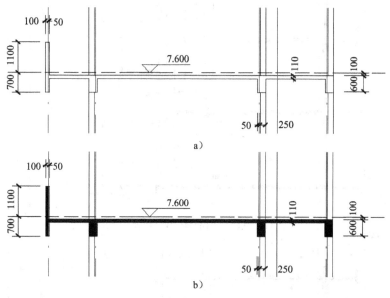

图 7-44　绘制楼板剖面图

（3）由于二到四层的梁板尺寸相同，可连续复制；首层及屋顶梁板略有区别，经过修改，即可得到所有梁板的剖面图。如图 7-43 所示。

4．绘制细部构造　剖面图中的门窗有两类，一类是剖到的门窗，窗的绘制与平面图中窗的绘制类似，门的剖面图例按照《房屋建筑制图统一标准》（GB/T 50001—2010）以及《建筑制图标准》（GB/T 50104—2010）的图例进行绘制。第二类是没有被剖到的门窗，其绘制方法与立面图中的门窗相同。剖面图的绘制应与平面图和立面图相对应，如图 7-45 所示。

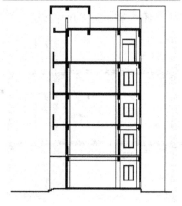

图 7-45　绘制细部构造

5．标注尺寸和标高

（1）标注时，先绘制 4 条辅助线，分别作为三道尺寸线的位置线和标高位置线。

（2）将"标注"图层置为当前层，进行就近标注，如图 7-46 所示。

（3）将标注好的尺寸运用移动命令，移至辅助线处，如图 7-47 所示。

（4）插入标高图块，进行标高的注写，如图 7-48 所示。

1-1 剖面图见附图 C-3。

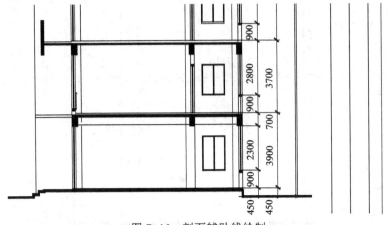

图 7-46　剖面辅助线绘制

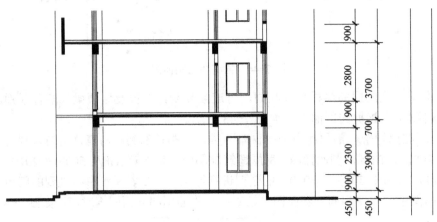

图 7-47　剖面尺寸标注

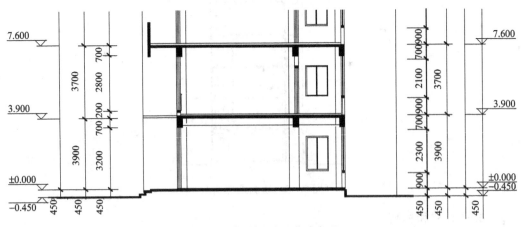

图 7-48　剖面尺寸及标高标注

7.5 绘制墙身节点详图

墙身节点详图也叫墙身大样图或墙身剖面详图，实际上是墙身的局部放大图，剖切位置一般设在门窗洞口部位。墙身节点详图主要表达墙身与地面、楼面、屋面的构造连接情况以及檐口、门窗顶、窗台、勒脚、防潮层、散水和明沟等的构造、细部尺寸和用料等。墙身节点详图同时也是砌墙、室内外装修、门窗安装、编制施工预算以及材料估算等的重要依据。

外墙剖面详图往往在窗洞口用双折断线断开（该部位图形高度变小，但标注的窗洞竖向尺寸不变），成为几个节点详图的组合。墙身详图一般绘制首层、标准层和顶层。在多层房屋中，若各层的构造情况一样时，可只画墙脚、檐口和中间层（含门窗洞口）3 个节点，按上下位置整体排列。有时墙身详图不以整体形式布置，而把各个节点详图分别单独绘制。

7.5.1 墙身节点详图的图示内容

（1）墙身的定位轴线及编号，墙体的厚度、材料。

（2）勒脚、散水节点构造。主要反映墙身防潮做法、首层地面构造、室内外高差和散水做法等。

（3）标准层楼层节点构造。主要反映标准层梁、板等构件的位置及其与墙体的联系，构件表面抹灰、装饰等内容。

（4）檐口部位节点构造。主要反映檐口部位（包括女儿墙或挑檐、圈梁、过梁、屋顶泛水构造、屋面保温和防水做法等）和屋面板等构造。

（5）详图索引符号。

7.5.2 墙身节点详图的图示方法

墙身节点详图一般用较大的比例绘出，常用比例为 1:20。绘图线型选择与建筑剖面相同，被剖到的结构、构件断面轮廓线用粗实线表示，抹灰层用细实线表示。断面轮廓内应画上材料图例。

7.5.3 墙身详图绘制过程

1. 绘制定位轴线　将"轴线"层置为当前层，运用直线命令绘制所剖墙身的定位轴线，将"辅助线"层置为当前层，运用直线命令和偏移命令绘出室内外地坪线及各层楼面及屋面的位置线，如图 7-49 所示。

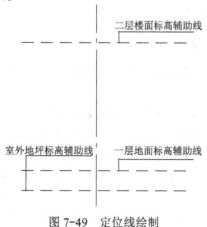

图 7-49　定位线绘制

2. 绘出所有被剖切到的墙体断面轮廓，以及各层的楼面、屋面剖切到的断面，给出各层梁的断面 本实例中梁板尺寸如图 7-50 所示。

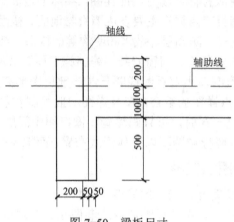

图 7-50 梁板尺寸

（1）根据图 7-51 所示，本图的墙体厚度为 200 mm，将"墙线"图层置为当前层，单击偏移命令，将偏移对象的"图层"选项设为"当前"，向左偏移轴线，偏移距离为 50mm、200mm，即可得到墙线。

（2）将"梁线"图层置为当前层，单击偏移命令，将水平辅助线向下偏移 100mm、100mm、500mm，将轴线向右偏移 50mm，向左偏移 250mm，即可得到梁、板线，如图 7-51a 所示。

（3）将图 7-52a 进行修剪、延伸、拉伸等操作，可得到图 7-52b 所示的图形。

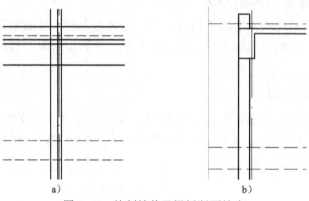

a)   b)

图 7-51 绘制墙体及梁板断面轮廓

3. 绘制细部构造如剖面门窗洞口位置及门窗线、女儿墙、檐口以及其他构件的断面以及装饰、保温层位置线

（1）保温层轮廓线：本实例墙体外墙保温层厚度为 50mm，将"保温"图层置为当前，偏移墙体外边线 50mm，注意窗洞口处也有保温层。利用圆角、修剪等编辑命令进行编辑。

（2）抹灰层轮廓线：抹灰层厚度为 20mm，将保温层边线向外偏移 20mm，将外墙内边线向内偏移 20mm 即可。利用圆角、修剪等编辑命令进行编辑，最终绘出装饰构造层次的边线，如图 7-52a 所示。

（3）楼面及地面层轮廓线：按照附图 C-4 中各层厚度，从楼面或地面标高辅助线向下逐层进行偏移，得到如图 7-52b 所示图形。

（4）门窗洞口及门窗线的绘制同平面图。

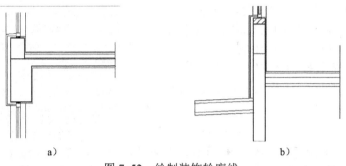

a）   b）

图 7-52　绘制装饰轮廓线

4. 进行图案填充　墙身详图的图案填充涉及钢筋混凝土、灰土、素混凝土、保温层、水泥砂浆抹灰、素土夯实等多个图例。

（1）对梁进行钢筋混凝土符号的填充：首先进行斜线填充，单击"绘图"下拉菜单→"图案填充"，弹出"图案填充"对话框，设置如图 7-53 所示；其次进行素混凝土符号填充。

（2）对墙体填充加气混凝土符号：本书按照《最新房屋建筑制图统一标准》（GB/T 50001—2010），选定加气混凝土的填充图案为斜向交叉网格，如图 7-54 所示。外墙保温选择图 7-55 所示的图案。

墙体及梁板的填充结果如图 7-56 所示。

图 7-53　斜线图案填充

图 7-54　加气混凝土图案填充

图 7-55　保温层图案填充

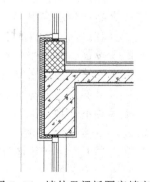

图 7-56　墙体及梁板图案填充

（3）对室内外地坪处的素土夯实进行填充：首先利用辅助线，绘出封闭的矩形，选择 EARTH 图案，旋转角度为 45 度，如图 7-57 所示，进行填充，最后将辅助线删除。其余各节点按照前面的操作方法进行绘制。

楼板节点填充及楼面各构造层次厚度如图 7-58a 所示，地坪节点及地面构造层次厚度如图 7-58b 所示。

图 7-57　素土夯实图案填充

💡 提示

1. 填充时，必须保证边界是封闭的，如果没有封闭，可运用辅助线使其封闭，填充完毕后删除即可。也可采用多段线对边界进行整体绘制，则可以保证封闭。

2. 图案填充的比例需尝试调整，本图中的比例仅供参考，读者应根据自己的实际情况确定比例。

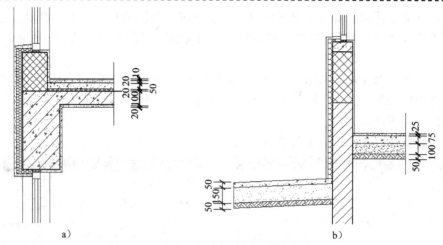

a)　　　　　　　　　　　　　　b)

图 7-58　节点和构造层次厚度图案填充

5. 文字注写、尺寸标注、标高标注　这些内容的具体操作在前面已讲过，这里不再赘述。但因为墙身节点图的比例为 1:20，所以在此仅作以下几点说明。

（1）文字标注：因为绘图比例为 1:20，如果希望打印出图后的文字高度为 5mm，则字体高度应设置为 5mm×20=100mm。

（2）标高标注：因为绘图比例为 1:20，绘制标高符号时，就需要考虑比例与制图尺寸的问题，这时标高符号的高度是 3mm×20=60mm。

（3）尺寸标注：尺寸标注时，它的一些参数值，例如箭头大小、尺寸数字高度等都得打开对话框重新设置。参考平面图尺寸标注的设置，原则是将平面图（即 1:100 比例下的图）的参数扩大 5 倍，故应重新设置新的标注样式。

（4）窗高尺寸标注：观察附图 C-4，可发现窗高标注为 2300mm 和 2800mm，但它的标注尺寸与实际并不一致，因为中间已折断。所以在标注尺寸的过程中，必须将尺寸数字通过键盘输入，直接改为 2300 或 2800。

（5）图框的插入：由于绘图比例为 1:20，图框线的尺寸为图框实际尺寸乘以 20。相应标题栏等也要进行相应修改。墙身详图见附图 C-4。

第 **8** 章 结构施工图的绘制

学习要点 •••

- ꙮ 结构施工图中的基本线型、比例和钢筋的表示方法
- ꙮ 结构平面图的组成内容和绘制方法
- ꙮ 构件配筋图的绘制方法
- ꙮ 基础图的绘制内容和方法

•••

结构施工图（简称"结施图"）的内容主要包括：结构设计总说明、楼层顶结构平面布置图、屋顶结构平面布置图、基础平面布置图、构件详图、楼梯配筋图等。钢筋混凝土结构和钢结构的结施图在构件详图的表示方法上有所不同，本章主要以钢筋混凝土结施图的绘制为例。

结施图的绘制必须满足《建筑结构制图标准》（GB/T50105—2010）要求，对于图幅大小，线型使用、字体样式及尺寸标注形式等应该符合标准的相关规定。

8.1 线宽、线型、比例要求和钢筋表示方法

8.1.1 线宽

结构施工图中的线宽采用粗线、中粗线和细线 3 种，一般粗线线宽为 b，宜从下列线宽系列中选取：2.0mm、1.4mm、1.0mm、0.7mm、0.5mm、0.35mm。中粗线、细线的线宽分别为 0.5b，0.25b。绘图时应根据复杂程度和比例大小，先选定基本线宽 b，再选用表 8-1 中相应的线宽组。

表 8-1　线宽组　　　　　　　　（单位：mm）

线 宽 比	线 宽 组					
b	2.0	1.4	1.0	0.7	0.5	0.35
0.5b	1	0.7	0.5	0.35	0.25	0.18
0.25b	0.5	0.35	0.25	0.18	—	—

注：1. 需要微缩的图纸，不宜采用 0.18mm 及更细的线宽。
　　2. 同一张图纸内，不同线宽中的细线，可统一采用较细的线宽组的细线。

8.1.2 线型

结构施工图中的线型有多种，可根据表 8-2 选用。

表 8-2　线型选用表

名　　称		线　　型	线　宽	一　般　用　途
实线	粗		b	螺栓、主钢筋线、结构平面图中的单线结构构件、钢木支撑及系杆线、图名下横线、剖切线
	中		0.5b	结构平面图及详图中剖到或可见的墙身轮廓线、基础轮廓线，钢、木结构轮廓线，箍筋线、板钢筋线
	细		0.25b	可见的钢筋混凝土构件轮廓线、尺寸线、标注引出线，标高符号、索引符号
虚线	粗		b	不可见的钢筋、螺栓线，结构平面图中的不可见的单线结构构件线及钢、木支撑线
	中		0.5b	结构平面图中的不可见的构件、墙身轮廓线及钢、木构件轮廓线
	细		0.25b	基础平面图中的管沟轮廓线、不可见的钢筋混凝土构件轮廓线
单点长画线	粗		b	柱间支撑、垂直支撑、设备基础轴线图中的中心线、吊车轨道线
	细		0.25b	定位轴线、对称线、中心线、分水线
双点长画线	粗		b	预应力钢筋线
	细		0.25b	原有结构轮廓线
折断线			0.25b	不需画全的断开界线
波浪线			0.25b	不需画全的断开界线

8.1.3　比例要求

结构施工图根据结构形式、表达内容的需要，选用的比例不尽相同，常用比例见表 8-3。

表 8-3　结构施工图常用比例

图　　名	常　用　比　例	参　考　比　例
结构平面布置图 基础平面布置图	1:50　1:100　1:150 1:200	1:60　1:80
节点详图	1:10　1:20　1:30	1:25
圈梁平面布置图 地沟平面布置图	1:100　1:200　1:500	1:300
构件配筋图	1:50　1:20　1:30	1:25

绘制一张结构施工图时，图中经常要包含比例不同的几个图形，如有结构平面布置图、节点详图、构件配筋图等，当一张图中要绘制不同比例的图形时，可以采用以下方法。

（1）在模型空间内绘图，将出图比例定为 1:1，每个图形按照实际比例绘图，标注尺寸时应注意不同比例的图形其标注比例应该对应一致。

（2）在模型空间内绘图，先将每个图形按照 1:1 比例绘图，然后利用比例缩放或块插入时的比例调整修改为实际比例。但此时应注意线宽、标注字符大小和尺寸内容是否统一和正确。建议标注部分在图形绘制完成后进行。最后出图比例仍为 1:1。

（3）先在模型空间内绘图，将每个图形按照 1:1 比例绘制并标注，出图时利用布局空间，通过开多个视口，调整视口比例即可。

当绘制的构件长度、高度或节点尺寸相差悬殊时，也可在同一图形的不同部位中采用不同比例，例如钢屋架施工图，屋架的轴线尺寸可使用 1:30、1:20，构件尺寸和节点部位使用 1:10。另外，还可以利用折断线将构件在长度方向或重复表示的地方断开，以满足绘图的空间要求。

8.1.4　钢筋的表示方法

在钢筋混凝土结构中，钢筋是结构施工图重点表示的内容之一。一般在构件平面图（例如板）和立面图（例如梁）中，钢筋以粗实线画出，在剖面图（例如梁）中，钢筋以实心粗圆点表示，同时对钢筋还要进行一定的标注。

1．一般钢筋的表示方法和绘制技巧　详见表 8-4。

表 8-4　钢筋的表示方法和绘制技巧

序　号	名　　称	图　　例	绘　制　技　巧
1	钢筋横断面	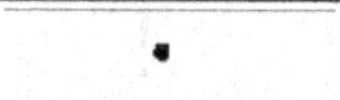	使用圆环（DONUT）命令绘制，内径为 0，外径为 1，结合复制（COPY）命令重复复制
2	无弯钩的钢筋端部		使用多段线（PLINE）命令绘制，下图斜线长 3mm，角度 45°
3	带半圆形弯钩的钢筋端部		使用多段线（PLINE）命令绘制，参见第 3 章多段线命令实例
4	带直钩的钢筋端部		使用多段线（PLINE）命令绘制，直钩部分长 3mm
5	带丝扣的钢筋端部		使用多段线（PLINE）命令绘制，斜线使用直线（LINE）命令
6	无弯钩的钢筋搭接		使用多段线（PLINE）命令绘制，斜线长 3mm，角度 45°、135°
7	带半圆钩的钢筋搭接		使用多段线（PLINE）命令绘制，参见第 3 章多段线命令实例
8	花篮螺丝钢筋接头	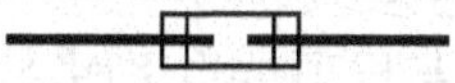	使用多段线（PLINE）命令绘制钢筋，矩形（RECTANG）命令绘制接头
9	机械连接的钢筋接头		
10	预应力钢筋或钢绞线		使用多段线（PLINE）命令绘制
11	后张法预应力钢筋断面无粘结预应力钢筋断面	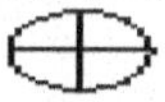	使用圆和直线命令绘制，剪切（TRIM）命令修改
12	单根预应力钢筋断面		使用多段线（PLINE）命令绘制
13	张拉端锚具		使用多段线（PLINE）命令绘制钢筋，直线（LINE）命令绘制三角形
14	固定端锚具		
15	单面焊接的钢筋接头	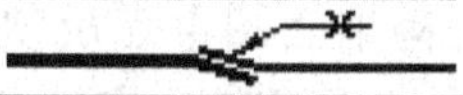	使用多段线（PLINE）命令绘制钢筋，引线标注命令标注焊缝尺寸，圆弧命令绘制焊缝符号
16	双面焊接的钢筋接头		

👉 提示

　　以上绘图技巧中给出的参考长度或直径是以出图比例 1:1 为前提的，多段线线宽设为 0.5，用户可以根据自己的经验和绘图比例进行调整。

　　2．钢筋的标注方法　钢筋标注的内容一般包括钢筋的根数、直径、间距和编号，利用引线标注在钢筋的附近位置或直接标注在钢筋的长度方向上。钢筋编号圆圈为直径 5mm 的细实线圆，标注内容的字符高为 2～3mm，当钢筋的直径、长度、形式、等级完全相同时可以编成相同的钢筋号。

梁的纵筋、箍筋和板纵筋的标注形式有所区别，梁纵筋中要注明钢筋根数，板纵筋和梁箍筋采用直径和间距表示，如图 8-1 所示。

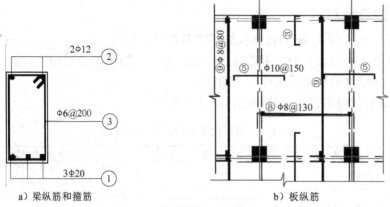

a）梁纵筋和箍筋　　　　　　　b）板纵筋

图 8-1　梁和板的钢筋标注形式

结构施工图中常见的字符高度一般为：尺寸数字 2～2.5mm，轴线号 4～5mm，钢筋标注内容 2～3mm，汉字标注内容 3～4mm，剖切符号 4～5mm，中文说明 4～6mm，图名 7～9mm。

8.2　绘制结构平面图

结构平面图是利用假想的一个水平面，在每个楼层的结构层顶（现浇板顶）稍微偏下的位置处水平剖切而得的俯视平面图，主要反映该楼层结构构件（梁、板、柱、墙、圈梁、构造柱等）的平面布置情况，所以也称某层顶结构平面布置图，该图中还可表示现浇板的配筋。通过结构平面图，可以清楚地表达和反映整体结构的组成。显然，结构平面图和建筑平面图的剖切位置和表达内容是完全不同的。

8.2.1　结构平面图的表示内容

1. **定位轴线和尺寸**　结构平面图中的轴线号和轴线尺寸必须与建筑平面图中相同，一般只画出轴线尺寸和总尺寸。横向定位轴线号用阿拉伯数字表示，纵向定位轴线号用英文字母表示。结构图中涉及的标高应采用结构标高（建筑标高减去面层厚度），以米计。

2. **本层构件的布置和名称标注**　结构平面图重点反映构件的布置位置，梁、柱、墙、过梁、圈梁、预制空心楼板等结构构件应该用正确的线型和图示表示。例如：梁用双实线、双虚线或粗点画线表示，墙用双线（实虚情况根据投影关系确定）表示。另外，对结构构件应进行命名和标注，以便在构件配筋图中查找相应的构件，同类构件在图中的命名标注顺序可以从左到右，从上到下依次进行。

3. **节点详图及其剖切位置、索引符号**　在某些构件之间结构关系复杂或不易用平面图表达清楚的部位，如墙和板的支承情况，可以增加节点详图，以较大比例（1:20、1:30）从水平和竖直两个方向对剖切位置进行尺寸、标高和相对关系等的详细表述。

剖面图、断面详图的编号顺序：

（1）外墙按顺时针方向从左下角开始编号。

（2）内横墙从左至右，从上至下编号。

（3）内纵墙从上至下，从左至右编号。

4．现浇板的配筋及钢筋表　在结构平面图中绘制现浇板的配筋时，平面图比例可使用1:60、1:50。绘图比例过小会使钢筋过于挤密，表示不清。

5．预留洞位置　结构平面图中的预留洞位置必须和水、暖、电施工图中要求一致，也可以不画预留洞但需要在说明中增加预留洞位置详见设备图的项次。

6．说明　结构平面图中的说明一般包括材料等级、尺寸单位、预制构件选用图集名称、现浇板分布钢筋的用量以及特殊说明内容。

8.2.2　结构平面图绘制步骤和方法

1．设定各相应部分的图层　建立或打开一张新图后，首先应设定即将绘制的各图形部分所在的图层，包括每个图层的名称、颜色、线型和线宽，图层名称最好直接反映图形内容，如轴线、钢筋、梁、标注、轮廓线等。图层的数量不一定一次设置齐全，绘图过程中可以随时增设。利用不同的图层表示不同的绘制内容，可以使图形清晰明了。

2．绘制轴线、墙、柱、梁的轮廓线

（1）绘制轴线。建议在"墙体"或"轮廓"等实线图层上绘制轴线。先将"墙体"图层设为当前图层，使用直线（LINE）命令画出一条直线，然后结合缩放（ZOOM）、拉伸（STRETCH）命令、偏移（OFFSET）或复制（COPY）等命令根据轴线尺寸绘出其他同向轴线。反复执行得到所有轴线。

（2）利用已画出的轴线，结合偏移（OFFSET）命令和绘图比例，得到墙体轮廓线，再使用修剪（TRIM）命令进行编辑。

（3）将"柱"图层设为当前图层，使用矩形（RECTANG）命令绘制一个柱的轮廓线，利用复制（COPY）命令，将基点选择在柱中心等不同控制点上，后经多次复制画出柱子，反复执行。

（4）将所有轴线由"墙体"图层转换到"轴线"图层上，这样做的目的是利用轴线通过偏移得到的墙体是实线线型而非点画线线型。相比之下，轴线的数量远小于墙体轮廓线数量，因此修改轴线图层会简便一些。同时按照投影的虚实关系，将墙体、梁的部分轮廓线线型由实线改为虚线。

3．绘制预制板和现浇板配筋

（1）房间的预制板用表示板铺设方向的细实线绘制，一般每个房间不必将板块画全，示意部分即可，同时沿房间对角线画直线，将该房间的预制板铺设数量、编号等平行标注在对角线的上方。

（2）利用平面图表示现浇板配筋时应注意钢筋在板上、下的位置，制图标准规定：钢筋的弯钩向上和向左时，表示钢筋在板底；弯钩向上和向右时，表示钢筋在板顶。板的钢筋应进行编号并标注钢筋直径和间距，对相同的钢筋只标注编号即可。

4．绘制圈梁、过梁

（1）圈梁的布置有两种表达方式，一是在结构平面图中，利用单独定义线型（点画线）的粗线在设置圈梁的墙体上直接画出，并在附近位置标注圈梁名称。二是单独绘制圈梁布置平面图。对于后者一般采用 1:100、1:200 的比例，用粗实线表示圈梁，同时绘出圈梁所在墙体的轴线、轴线号，并标注圈梁名称。

（2）过梁可用粗点画线直接在洞口位置处画出并标注名称，简便表示时也可不画线直接标注名称或编号。

5．尺寸和构件名称标注　平面图的标注内容较多，有尺寸、钢筋、符号、构件名称等，要准确、整齐、统一、快速完成标注过程，除使用标注和文本标注命令之外，还应该结合一些编辑命令和绘图技巧。

AutoCAD 的标注基础样式是以机械制图要求为主要模板形式设置的，与建筑结构制图标准要求的最主要差别体现在尺寸箭头形式和尺寸文本位置，所以在尺寸标注前首先设置自己的标注式样，包括尺寸文本的字符高度、字体形式、尺寸界线伸出尺寸线的长度和起点偏移量、箭头形式等。

箭头形式用户可以自己定义，其效果比使用 AutoCAD 的建筑标记箭头更好。步骤如下：

（1）绘制如图 8-2 所示图形，利用多段线（PLINE）命令绘制长 2mm 角度 45°的粗短线，在短线中点利用直线（LINE）命令向左绘制长大于 5mm 左右的水平线。

图 8-2　自定义
尺寸箭头块

（2）将所绘图形以短线中点为基点定义为块。

（3）利用"格式"中的"标注式样"打开"标注式样管理器"，利用"新建"或"修改"按钮，在"符号和箭头"项中将"箭头的第一项和第二项"选为"用户箭头"，在"选择自定义箭头块"中输入定义的块名，确定即可。

（4）将"箭头大小"一项设定为"1"，此项为箭头比例，可以根据实际情况变化。

为使标注的尺寸线位置统一，尺寸线间距离满足制图标准要求，可在标注前先画出尺寸线的定位直线，标注完成后删除。

"梁"、"柱"、"圈梁""预制板"等构件名称或其他需标注的部分，可先使用文本标注（TEXT）命令完成一到两个水平或竖直的标注内容，然后利用复制命令将其复制到需要标注的地方，最后利用编辑文本内容（DDEDIT）命令将文本内容修改正确。这样做可以快速、整齐地确定标注位置，达到良好的标注效果。

6．节点详图的绘制　节点详图的比例一般采用 1:20，绘制中注意绘图命令和编辑修改命令灵活结合使用，可以大大提高绘图速度。另外，将已经画好的不同结构的节点详图制作成块，下次再绘制相似节点时可直接插入块，并进行必要修改。这样绘图就变成了拼图，同样可以"殊途同归"完成图形的绘制。

8.2.3　结构平面图实例

详见附录 D "结构施工图实例"。

8.3　绘制结构构件配筋图

钢筋混凝土构件详图主要包括模板图、配筋图、预埋件详图和钢筋表。配筋图是其中的主要部分。一般复杂构件需要绘制模板图，详细反映尺寸、标高、预埋件和预留洞位置等，一般构件仅通过配筋图（立面图和剖面图）就可清楚表示构件的长度、截面形状、尺寸、钢筋形式、数量及配置位置。

8.3.1 构件配筋图的绘制内容

1. **立面图** 构件配筋立面图为构件的正投影图，主要反映构件的长度、高度、标高、支座情况及钢筋形式和布置位置，一般构件轮廓线用细实线绘制，钢筋用粗实线绘制。

2. **剖面图** 构件剖面图用以表示在剖切位置截面处，构件的截面尺寸和钢筋配置情况，主要包括：纵筋的排数、根数、直径、编号、相对位置关系，箍筋、拉筋的形式、配置数量等。剖面图的剖切位置一般取构件截面尺寸或钢筋配置变化的地方。在剖面图中钢筋用实心圆点表示，构件轮廓用细实线绘制。

8.3.2 构件配筋图的绘制步骤

现以钢筋混凝土简支梁（见附图 D-1 中的 L-1 配筋图）并采用实际比例绘图为例介绍。

1. **设定图层、尺寸标注式样，确定绘图比例** 设定图层、尺寸标注式样，方法同绘制结构平面图，建议下述步骤中尽量在各个图层上绘图。立面图的比例一般为 1:50、1:30 或 1:20，每个图下注明构件名称，如 L-1 配筋图。剖面图的比例常用 1:20、1:25 或 1:30。每个图下方注明剖面号。注意，一张构件配筋图中不应出现两个相同的剖面号。

2. **绘制构件立面图** 首先绘制定位轴线，利用轴线复制或偏移命令绘制出支座或构件的轮廓线位置，再通过直线和编辑命令得到完整的构件轮廓线。使用多段线（PLINE）命令绘制钢筋，注意弯钩和直钩部分，可先画出一端弯钩和部分直钢筋段，利用镜像（MIRROR）命令得到另一半，最后使用拉伸（STRETCH）命令得到满意的钢筋长度。箍筋使用多段线（PLINE）命令绘制，仅需画出 2～3 根示意即可。对于板顶和梁顶标高一致的现浇楼盖，现浇板下部轮廓线用细虚线绘出。标注剖面符号和图名。

3. **绘制构件剖面图** 根据立面图中剖切位置，先绘制一个完整的构件剖面，如图 8-3 所示的 1-1 剖面。先画截面轮廓线，再画箍筋，最后画纵筋。箍筋使用矩形（RECTANG）或多段线（PLINE）命令绘制，线宽可取 0.5，纵筋圆点使用圆环（DONUT）命令画出后，再利用复制命令并结合正交模式多次复制到所需位置。最后进行该剖面的尺寸、钢筋和剖面名称标注。

对于截面尺寸不变的构件，其他剖面可以通过复制、局部编辑修改获得。这样既省时简便又使剖面图的形式整齐统一，图面美观。如果还有其他构件，重复上述步骤即可。

4. **标注尺寸和标高**

（1）立面图中，沿轴线方向的支座宽度、轴线尺寸和构件全长一般用三道尺寸线标注，沿高度方向需标出构件高度和结构控制标高，如梁顶、梁底或柱顶的结构标高。

（2）剖面图中，仅标出构件截面的高度和宽度。

5. **标注钢筋** 立面图中，一般仅在纵筋、弯起筋及箍筋的附近标注带有圆圈的钢筋编号。剖面图中则用钢筋引线引出各根钢筋的标注内容。一般钢筋根数（间距）和直径标注在引线上方，引线端部为钢筋编号圆圈，直径 5～6mm，位置应使引线延伸可穿过圆心。各钢筋的引线应平行，最后横平竖直，且引线端部最好位于同一水平或竖直线上，如附图 D-1 所示的 1-1 剖面。钢筋标注内容的字符高度一般取 2～3mm。

6. **绘制钢筋表** 钢筋明细表主要包括构件名称、钢筋号、钢筋简形、直径、根数、总长等内容，参见图8-3中的钢筋明细表。表头行宽20mm，其他行宽10mm，各列宽一般取10mm、15mm，简形列宽可取50mm。表头栏中字符高为3～4mm，其他字符高为2～3mm。

钢筋表中统计的构件钢筋用量为一个构件的用量，有多个相同构件时，在构件名称栏该构件中注明构件数量即可。

7. 标注设计说明　内容参见结构平面图。

目前构件的配筋图常常使用平法标注的形式，详见附图 D-2 和附图 D-3。

8.4　绘制基础图

基础图包括基础平面布置图和基础详图。基础平面布置图主要反映基础及主要构件的平面布置、基础类型、定位轴线尺寸等，基础详图则详细表达各基础的形状、材料、细部尺寸、埋深及标高等，根据不同基础的形式用平面图或剖面图绘制。

8.4.1　基础平面布置图的绘制内容

1. **定位轴线和尺寸**　基础平面布置中的轴线号和轴线尺寸必须与结构平面图中相一致，只画出轴线尺寸和总尺寸即可。

2. **基础及主要构件的布置和名称标注**　平面图重点反映基础的布置情况，例如柱下独立基础、柱下条形基础、墙下条形基础、筏板基础等，同时与基础相关的构件，如框架柱、拉梁、地圈梁、地基梁、构造柱等也应绘制，其线型和图示可参考前述的结构平面图。绘制完成后，对基础和相应构件进行命名和标注，对于筏板基础也可将筏板配筋画在基础平面图中。最后标注图名和比例，详见附图 B-2。

3. **剖面图的剖切符号及编号**　基础平面图中的剖切符号一般用粗短线表示，编号文字的水平方向标注在短线上方，竖直方向标注在短线左侧。

4. **施工说明**　主要包括基槽开完标高、验槽要求、地基承载力大小、基础材料、钢筋等级、基础垫层材料等级、尺寸单位等。

8.4.2　基础详图的绘制内容

1. **基础的平面及剖面详图**　为了详细表达基础平面的各个尺寸、轴线和配筋，需绘制基础平面图，详见附图 B-3。一般情况仅绘制基础纵向的剖面图即可。

2. **主要构件的配筋图**　如构造柱、地基梁等的配筋图。

另外需要注意详图图名及比例、基础参数表、书写施工说明等。

8.4.3　基础图的绘制步骤和方法

基础平面布置图的绘制步骤和方法与前述上部结构的结构平面布置图相近，基础详图的绘制步骤和方法与前述构件配筋图相近，不再详细叙述。

基础图的绘制内容相对上部结构要简单一些，所以，在绘制过程中，应熟练应用图层、线型等绘图环境的设置功能，注意将绘图命令和编辑、修改命令结合使用，会起到事半功倍的效果。

第 9 章 | AutoCAD 高级技术

学习要点 ••

- ☻ 运用设计中心的基本操作
- ☻ 利用设计中心打开图形
- ☻ 使用设计中心插入块
- ☻ 利用设计中心引入外部参照
- ☻ AutoLISP 语言编辑使用
- ☻ AutoCAD 与其他图形软件的联合应用

••

通过 AutoCAD 设计中心（AutoCAD Design Center，简称 ADC），用户可以组织对图形、块、图案填充和其他图形内容的访问。可以将原图形中的任何内容拖动到当前图形中；可以将图形、块、图案填充拖动到工具选项板上。如果打开了多个图形，则可以通过设计中心在图形之间复制和粘贴其他内容（如图层定义、布局和文字样式）来简化绘图过程。AutoCAD 设计中心使资源得到了再利用和共享，提高了图形管理和图形设计的效率。

9.1 AutoCAD 设计中心

9.1.1 设计中心概述

AutoCAD 设计中心为用户提供了一个直观且高效的工具，它与 Windows 资源管理器类似。单击下拉菜单中的"工具"→"选项板"→"设计中心"，或单击"标准"工具栏中的设计中心图标█，可以打开"设计中心"对话框，如图 9-1 所示。

在 AutoCAD2008 中，使用 AutoCAD 设计中心可以完成如下工作：

（1）创建对频繁访问的图形、文件夹和 Web 站点的快捷方式。

（2）根据不同的查询条件在本地计算机和网络上查找图形文件，找到后可以将它们直接加载到绘图区或设计中心。

（3）浏览不同的图形文件，包括当前打开的图形和 Web 站点上的图形库。

（4）查看块、图层和其他图形文件的定义并将这些图形定义插入到当前图形文件中。

（5）通过控制显示方式来控制设计中心控制板的显示效果，还可以在控制板中显示与图形文件相关的描述信息和预览图像。

9.1.2 操作图形

AutoCAD"设计中心"对话框包含一组工具按钮和选项卡，使用它们可以选择和观察设计中心的图形。

1.“文件夹”选项卡 显示设计中心的资源，可以将设计中心的内容设置为本计算机的桌面，或是本地计算机的资源信息，也可以是网上邻居的信息，如图9-1所示。

2.“打开的图形”选项卡 显示在当前 AutoCAD 环境中打开的所有图形，其中包括最小化的图形。此时单击某个文件图标，就可以看到该图形的有关设置，如图层、线型、文字样式、块及尺寸样式等，如图9-2所示。

 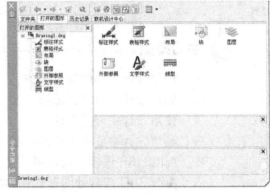

图 9-1 “设计中心”对话框 　　　　　　　　　　图 9-2 “打开的图形”选项卡

3.“历史记录”选项卡 显示最近访问过的文件，包括这些文件的完整路径，如图9-3所示。

4.“联机设计中心”选项卡 通过联机设计中心，可以访问数以千计的预先绘制的符号、制造商信息以及内容收集者的站点，如图9-4所示。

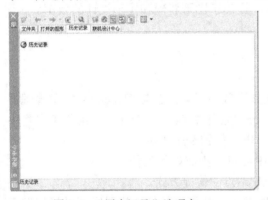 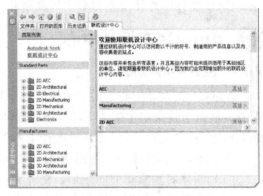

图 9-3 “历史记录”选项卡 　　　　　　　　　　图 9-4 “联机设计中心”选项卡

5.工具按钮

（1）“树状图切换”按钮：单击该按钮，可以显示或隐藏树状视图。

（2）“收藏夹”按钮：单击该按钮，可以在“文件夹列表”中显示“Favorites/Autodesk”文件夹（在此称为“收藏夹”）中的内容，同时在树状视图中反向显示该文件夹。可以通过收藏夹来标记存放在本地硬盘、网络驱动器或 Internet 网页上常用的文件。

（3）“加载”按钮：单击该按钮，将打开“加载”对话框，使用该对话框可以从Windows 的桌面、收藏夹或通过 Internet 加载图形文件，如图9-5所示。

土木工程 CAD

（4）"预览"按钮：单击该按钮，可以打开或关闭"预览"窗格，以确定是否显示预览图像。打开"预览"窗格后，单击控制板中的图形文件，如果该图形文件包含预览图像，则在"预览"窗格中显示该图像。如果选择的图形中不包含预览图像，则"预览"窗格为空。也可以通过拖动鼠标的方式改变"预览"窗格的大小。

（5）"说明"按钮：打开或关闭"说明"窗格，以确定是否显示说明内容。打开"说明"窗格后，单击控制板中的图形文件，如果该图形文件包含有文字描述信息，则在"说明"窗格中显示出图形文件的文字描述信息。如果图形文件没有文字描述信息，则"说明"窗格为空。可以通过拖动鼠标的方式来改变"说明"窗格的大小。

（6）"视图"按钮：用于确定控制板所显示内容的显示格式。单击该按钮将弹出一个快捷菜单，选项有：大图标、小图标、列表和详细信息。可从中选择显示内容的显示格式。

（7）"搜索"按钮：用于快速查找对象。单击该按钮，将打开"搜索"对话框，如图 9-6 所示。可使用该对话框快速查找诸如图形、块、图层及尺寸样式等图形内容或设置。

图 9-5 "加载"对话框

图 9-6 "搜索"对话框

9.1.3 管理图形

1. 在"设计中心"中查找内容　使用 AutoCAD 设计中心的查找功能，可通过"搜索"对话框快速查找诸如图形、块、图层及尺寸样式等图形内容或设置。

在"搜索"对话框中，可以设置条件来缩小搜索范围，或者搜索块定义说明中的文字和其他任何"图形属性"对话框中指定的字段。例如，如果不记得将块保存在图形中还是保存为单独的块，则可以选择搜索图形和块。

当在"搜索"下拉列表中选择的对象不同时，对话框中显示的选项卡也将不同。例如，当选择了"图形"选项时，"搜索"对话框中将包含以下 3 个选项卡，可以在每个选项卡中设置不同的搜索条件。

（1）"图形"选项卡：使用该选项卡可提供按"文件名""标题""主题""作者"或"关键字"查找图形文件的条件，如图 9-6 所示。

（2）"修改日期"选项卡：指定图形文件创建或上一次修改的日期或指定日期范围。默认情况下不指定日期，如图 9-7 所示。

（3）"高级"选项卡：指定其他搜索参数，如图 9-8 所示。例如，可以输入文字进行搜索，查找包含特定文字的块定义名称、属性或图形说明。还可以在该选项卡中指定搜索文件的大小范围。例如，如果在"大小"下拉列表中选择"至少"选项，并在其后的文本框中输入"50"，则表示查找大小为50KB以上的文件。

提示

在"搜索"对话框中，如果单击"新搜索"按钮，可以清除当前搜索并使用新条件进行重新搜索。在搜索结果列表中找到所需项目后，可以将其添加到打开的图形中。

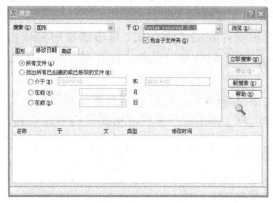

图9-7 "修改日期"选项卡

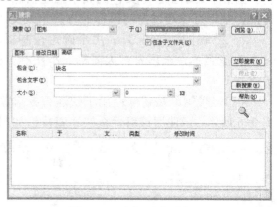

图9-8 "高级"选项卡

2. 使用"设计中心"的图形 使用AutoCAD设计中心，可以方便地在当前图形中插入块，引用光栅图像以及外部参照，在图形之间复制块、图层、线型、文字样式、标注样式以及用户定义的内容等。

（1）插入块：用户可以选择在插入块时是自动换算插入比例，还是在插入时确定插入点、插入比例和旋转角度。

如果采用"插入时自动换算插入比例"方法，可以从"设计中心"对话框中选择要插入的块，并拖到绘图窗口，移到插入位置时松开鼠标按键，即可实现块的插入。系统将按在"选项"对话框的"用户系统配置"选项卡中确定的单位，自动转换插入比例。

如果采用"插入时确定插入点、插入比例和旋转角度"方法，可以在"设计中心"对话框中选择要插入的块，然后用鼠标右键将该块拖到绘画窗口后松开鼠标按键，此时将弹出一个快捷菜单，选择"插入块"命令。打开"插入"对话框，可以利用插入块的方法确定插入点、插入比例及旋转角度。

（2）引用外部参照：从AutoCAD"设计中心"对话框中选择外部参照，用鼠标右键将其拖到绘图窗口后释放，将弹出一个快捷菜单，选择"附着为外部参照"子命令，打开"外部参照"对话框，可以在其中确定插入点、插入比例及旋转角度。

（3）在图形中复制图层、线型、文字样式、尺寸样式、布局及块等。在绘图过程中，一般将具有相同特征的对象放在同一个图层上。利用AutoCAD设计中心，可以将图形文件中的图层复制到新的图形文件中。这样一方面节省了时间，另一方面也保持了不同图形文件结构的一致性。

在AutoCAD"设计中心"对话框中，选择一个或多个图层，然后将它们拖到打开的图形文件后松开鼠标按键，即可将图层从一个图形文件复制到另一个图形文件。

9.2 AutoCAD 二次开发技术

AutoCAD 系统之所以受到广泛的欢迎，不仅是因为它功能强大、支持平台多、用户界面良好，更主要的是它具有开放的体系结构和完善的开发系统，能够提供各种编程工具和接口，满足不同层次用户的需要。用户利用 AutoCAD 的开发系统，结合应用实际进行二次开发，就可以开发用户自己的专用软件系统。Autodesk 公司一开始就十分注重 AutoCAD 开发工具的开发研究，早在 AutoCAD2.17 版中，就开始引入 LISP（List Processing Language）语言，形成了具有 AutoCAD 系统特色的 AutoLISP 语言，使用这种语言可以直接调用全部 AutoCAD 的命令，成为 AutoCAD 系统二次开发的基本工具。AutoLISP 是一个嵌入 AutoCAD 内部的 LISP 编程语言，是 LISP 语言和 AutoCAD 有机结合的产物，是一种适合于进行 AutoCAD 项目开发的非结构化设计语言，AutoLISP 是开发 AutoCAD 图形软件的强有力工具。

AutoLISP 语言既具备一般高级语言的基本结构和功能，又具有一般高级语言所没有的强大的图形功能，是一种比较流行的 AutoCAD 二次开发语言工具。利用 AutoLISP 语言可直接增加和修改 AutoCAD 命令，两者透明地结合起来，使程序和绘图完全融为一体，扩大图形的编辑功能，直接访问和处理 AutoCAD 的图形数据库，开发 AutoCAD 的应用软件系统，为实时修改图形和交互式绘图提供了极大的方便。

每个 LISP 程序的核心是一个求值器，该求值器读入用户输入的程序行对其进行计算，然后返回计算结果，过程如下：

（1）对于简单的数据，如整数、实数等把它的自身值作为求值结果。

（2）对于符号和变量，把它的约束值作为求值结果。

（3）对于用运算符和数据组成的表达式，则根据第一个元素的类型进行求值运算。

9.2.1 AutoLISP 的数据类型

AutoLISP 语言系统中数据主要有以下类型：整型数、实型数、字符串、表型数据、符号原子、文件描述符、内部函数、实体名和选择集等。

（1）整型数（INT）：是由 0～9 数字、+和 −字符组成，不允许出现其他字符。"+"可以省略，"−"则不可缺少。AutoLISP 程序中整型数是 32 位，其取值范围是+2147483648～−2147483647。

（2）实型数（REAL）：是用双精度的浮点数表示的带有小数点的数，且有至少 14 位有效精度。当实数绝对值小于 1 时，必须加前导 0，不能以小数点开头。

（3）字符串（STRING）：是由一对双引号引起来的字符序列组成的。

（4）表型数据（LIST）：是放在括号内的一个或多个数据元素的有序组合，数据元素由任意数量的整数、实数、字符串或是其他表组成。

（5）符号原子（SYMBOL）：简称符号，用于储存数据，和高级语言中的变量词义相同。符号不可以包括的字符有："（""）""."""'"";"""""。

（6）文件描述符（FILE）：是打开文件的字符系列标号，值由系统自动确定，如需要访问文件时，该文件的标号首先被引用，然后才能进行读或写的操作。

（7）内部函数（SUB）：用来实现具体操作或者增加命令。内部函数靠 AutoLISP 提供的函数 defun 来定义。

第 9 章 AutoCAD 高级技术

（8）实体名（ENAME）：是绘图中实体的符号识别标号。它是 AutoCAD 数据库文件内部的一个指针，程序根据这个值可以访问实体的数据库记录和矢量，数据文件由图形编辑器保存。

（9）选择集（PICKSET）：是一个或多个实体的集合。用户可按照 AutoCAD 的实体选择过程，用 AutoLISP 程序在选择集中增加或者减少实体，也可把选择集作为一个整体进行处理。

9.2.2　AutoLISP 变量

AutoLISP 变量分为不同类型，不同类型的计算或不同的内部函数要求使用不同类型的数据或变量。AutoLISP 所使用的变量通常分为整型、实型、字符型和表型等。

变量的名称可以是除系统保留字、函数符号和产生歧义的字符之外的所有字符。系统约定变量名的第一个字符是字母。变量没有类型说明函数，值的类型取决于赋值函数或表达式的返回值类型。在程序设计时，对于同一个变量可以设定为不同的数据类型，变量的赋值是由内部函数 setq 实现的。变量的值不仅被系统保存，同时作为参数也被其他函数使用，而且也可以在 AutoCAD 的状态行显示。

同一个变量可以赋予不同类型的值，系统会自动保存最后所赋予的值。

常用变量有 4 个，用户可以直接调用，也可以使用 setq 函数改变其值，但是不建议这样做。常用变量如下：

（1）PAUSE 变量：带有反斜杠的字符串，用于在命令函数中等待输入。

（2）PI 变量：常数值，其值为 3.1415926。

（3）Nil 变量：表示该变量的值不存在。

（4）T 变量：可用作一个非空值（not Nil）。

AutoLISP 使用的变量可分为局部变量和全局变量。局部变量是指用户在某一个函数中定义的变量，这种变量在其定义的函数执行时，值被保存，而在函数执行结束时，变量自动消失，由函数 defun 来定义；全局变量是所有用 setq 函数赋值的变量，这种变量值将被永久保存，直到用户退出 AutoCAD 为止。

在 AutoLISP 中，每一个变量作为一个结点来保存，一个结点使用两个以上字节的内存。所以，用户在编辑程序时，应尽量使用局部变量，减少全局变量，或者提高变量的使用频率。为了节约内存，当一些全局变量不使用时，应该及时清除，释放内存。清除变量的方法是把它的值设定为 Nil。

9.2.3　AutoLISP 表达式

AutoLISP 程序是由表达式组成的，而表达式的形式又可看作是一个表型数据，也就是求值型表数据。

表达式是包含有函数关键字，而且按照 AutoLISP 规则书写的字符串。它的书写格式为：（函数名[参数]…）。每一个表达式都是由一个左括号开始，对应一个右括号结束。内容包括一个函数名和一个函数参数表，函数名在左，参数表在右，分隔符是空格。表达式中还可以嵌套表达式，不管嵌套几层，其左右括号总是配对的。

表达式返回值可直接返回到 AutoCAD 命令行的命令提示处，可以在命令行中直接输入。例如：

命令：(* 2 20)　　　　　　　　返回：40

土木工程 CAD

命令：(+ 2（* 2 20))　　　　　　　　　返回：42

如果输入的左右括号不匹配，则显示提示"n>)）…"，n 表示表达式中缺少 n 个右括号，提示错误，用户必须输入 n 个右括号表达式才会被处理。

9.2.4 AutoLISP 内部函数

AutoLISP 提供了大量的预定义函数，它们是以表的形式提供的。在表中函数的名称作为第一个元素，其他的作为函数的变元。在本节中，主要介绍几种基本函数，包括数学函数、关系函数、逻辑函数、表处理函数、字符串函数和转换函数等。

1. **数学函数**　该类函数主要解决与数学相关的处理，分为基本运算、三角函数等，共18 个。

（1）加运算（+　num1　num2 …）：函数返回所有 num 的总和，num 可以为整数也可以为实数，只要其中一个为实数，结果为实数。如：

　　　　（+ 2 4 6）　　　　　　　　　；返回 12

（2）减运算（−　num1　num2 …）：函数返回 num1 减去 num2、num3…所得的差。函数中 num 可以为整数也可以为实数，只要其中一个为实数，结果为实数。如：

　　　　（− 55 40 5）　　　　　　　　；返回 10

（3）乘运算（*　num1　num2 …）：函数返回所有 num 的乘积。如：

　　　　（* 3 7）　　　　　　　　　　；返回 21

（4）除运算（/　num1　num2 …）：函数返回 num1 除以 num2、num3…所得的商。如：

　　　　（/ 8 4）　　　　　　　　　　；返回 2

（5）增量计算（1+　num）：函数返回 num+1 的值。1+之间不加空格，函数的返回值取决于 num 的类型。如：

　　　　（1+ 2.5）　　　　　　　　　；返回 3.5

（6）减量计算（1−　num）：函数返回 num−1 的值。如：

　　　　（1− 8）　　　　　　　　　　；返回 7

（7）求绝对值（abs　number）：函数返回 number 的绝对值，number 可为整数或实数。如：

　　　　（abs−2）　　　　　　　　　　；返回 2

（8）求余弦（cos　angle）：函数返回 angle 的余弦值（实数），其中 angle 的单位为弧度。如：

　　　　（cos PI）　　　　　　　　　　；返回−1.00000

（9）求正弦（sin　angle）：函数返回 angle 的正弦值。如：

　　　　（sin 2）　　　　　　　　　　；返回 0.90929

（10）求反正切（atan　num1　num2）：函数返回 num1/num2 的反正切值。其范围−π～π之间。如果没有提供 num2，函数返回 num1 的反正切值。如果 num2 为 0，则返回的符号与num1 相同，其值为 1.570796，即值为 90°。如：

　　　　（atan 2.0 30）　　　　　　　；返回 0.588002
　　　　（atan 2.0 0）　　　　　　　　；返回 1.570796

（11）求余数函数（rem　num1　num2）：函数返回 num1/num2 的余数。如：

　　　　（rem 20 5）　　　　　　　　　；返回 0

（12）求最大公约数（gcd　num1　num2）：函数返回 num1、num2 的最大公约数，其参数必须为正整数。如：

$\quad$（gcd　81　57）$\qquad\qquad$；返回 3

（13）求最大值函数（max　num1　num2 …）：函数返回所有数的最大值。如：

$\quad$（max　12　12.3　4）$\qquad$；返回 12.30000

（14）求最小值函数（min　num1　num2 …）：函数返回所有数的最小值。如：

$\quad$（min　14　11　4　−2）$\qquad$；返回−2

（15）乘方计算函数（expt　num　power）：函数返回 num 的 power 次方，其中 num 为底数，power 为幂，如果 num 和 power 为整数，则返回值也为整数，否则返回实数。如：

$\quad$（expt　3　3）$\qquad\qquad$；返回 27

（16）求 e 任意次方函数（exp　num）：函数返回 e 的 num 次方，返回值为实数。如：

$\quad$（exp　1.0）$\qquad\qquad$；返回 2.718282

（17）求对数函数（log　num）：函数返回 num 的自然对数，返回值为实数。如：

$\quad$（log　3）$\qquad\qquad$；返回 1.098160

（18）求平方根函数（sqrt　num）：函数返回 num 的平方根，返回值为实数。如：

$\quad$（sqrt　25）$\qquad\qquad$；返回 5.0000

2．**关系函数**　此类函数主要用于比较表达式之间的关系，函数名分别为=、/=、<、<=、>、>=。在这些函数中 nstr 可以为整数，可以为实数，也可以为字符串。当 nstr 为字符串时，按 ASCII 码的大小进行比较，共有 6 个。

（1）等于函数（=　nstr1 [nstr2] …）：所有的 nstr 均相等时，返回 T，否则返回 Nil。

（2）不等于函数（/=　nstr1 [nstr2]）：若 nstr1 不等于 nstr2，返回 T，否则返回 Nil。

（3）小于函数（<　nstr1 [nstr2] …）：若 nstr1 小于 nstr2，返回 T，否则返回 Nil。

（4）小于等于函数（<=　nstr1 [nstr2] …）：若 nstr1 小于或等于 nstr2，返回 T，否则返回 Nil。

（5）大于函数（>　nstr1 [nstr2] …）：若 nstr1 大于 nstr2，返回 T，否则返回 Nil。

（6）大于等于函数（>=　nstr1 [nstr2] …）：若 nstr1 大于或等于 nstr2，返回 T，否则返回 Nil。

3．**逻辑函数**　此类函数包括 3 种基本逻辑运算函数和布尔运算函数，共 8 个。

（1）与函数（and　expr …）：函数返回所有表达式 expr 逻辑与的运算结果，若表达式运算结果为真，返回 T，否则返回 Nil。

（2）或函数（or　expr …）：函数返回所有 expr 逻辑或的值，若任一表达式为真，返回 T，否则返回 Nil。

（3）非函数（not　item）：当 item 值为 Nil，返回 T；否则返回 Nil。

（4）布尔运算函数（boole　方式　int1　int2）：函数按照"方式"的值对后面的参数 int1 和 int2 进行相应的运算，返回运算的结果。

（5）按位逻辑与函数（logand　int　int …）：函数返回一串 int 作 AND 逻辑运算后的值，所有数用十进制形式表示。

（6）按位逻辑或函数（logior　int　int …）：函数返回一串数按位作 OR 逻辑运算后的值，用十进制形式表示。

（7）逻辑位移函数（lsh　num1　nbit）：函数返回 num1 经位移 nbit 后的逻辑值。nbit

必须是整数，如果 nbit>0，则 num1 向左移位，否则 num1 向右移位。

（8）按位逻辑非函数（～　int）：函数返回每一位的 NOT 运算，即补码运算，此参数限定为整数。

4．表处理函数　该类函数主要是对表数据处理或返回数据是表数据，使用频率较高，共 15 个。

（1）构建表函数（list　表达式…）：函数将任意数目表达式串联成表，并返回该表。

（2）连接表函数（append　表 1　表 2…）：函数将所有的表连在一起，并返回组成新表。

（3）向表首添加新元素函数（cons　新元素　表）：函数把新元素加入到表的开头以构成新表，并返回新表。此函数中，如果用原子替代表，则构造一个点对并返回。

（4）倒置表函数（reverse　表）：函数返回表被倒置后的新表。

（5）取表中第一个元素函数（car　表）：函数返回表中的第一个元素，如果是空表，返回 Nil。

（6）取子表函数（cdr　表）：函数将返回一个表，这个表是原表中除第一个元素以外的所有元素。如果是空表，返回 Nil。

（7）取表中第 n 个元素函数（nth　n　表）：函数返回表中第 n 个元素，其中 n 是元素的序号，元素序号排列从 0 开始。如果 n 大于表中元素的数目时，返回 Nil。

（8）取表中最后一个元素函数（last　表）：函数返回表中最后一个元素，不能为空表。

（9）测量表的长度函数（length　表）：函数返回表内元素的数目，该数目为整型数。

（10）表元素替换函数（subst　新项　旧项　表）：函数在表中查找旧项，并用新项代替，返回替代后的表。如果表中没有发现旧项，则把原表返回。

（11）assoc 函数（assoc　关键字　联合表）：函数在联合表中搜寻关键字，返回关键字对应的元素值。如果搜寻不到关键字则返回 Nil，联合表是点对表。

（12）foreach 函数（foreach　符号名　表　表达式…）：将表中元素按顺序分别赋给符号名，再计算表达式的值，返回最后一次循环时循环体中的最后一个表达式的计算结果。

（13）mapcar 函数（mapcar　函数名　list1…listn）：函数把 list1～listn 作为函数的参数，返回结果。

（14）表数据测试函数（listp　item）：如果 item 是表时，函数返回 T，否则返回 Nil。

（15）member 函数（member　表达式　表）：函数在表中寻找表达式，返回表达式在表中第一次出现的位置开始到最后所剩的所有元素组成的表。如果找不到表达式，返回 Nil。

5．字符串函数　该函数用于对字符串数据进行处理，共 7 个。

（1）ASCII 码转换函数（ASCII　字符串或字符）：函数返回字符串中的第一个字符相应的 ASCII 码值，返回值为整型数。

（2）字符串转换函数（chr　int）：函数将 int 代表的 ASCII 码转换成字符。

（3）字符串连接函数（strcat　字符串 1　字符串 2…）：函数将所有的字符串连接在一起，返回连接的结果。

（4）求字符串长度函数（strlen　字符串）：函数返回字符串的长度。

（5）求子字符串函数（substr　字符串　起点[长度]）：函数返回字符串的一个子串，子串从字符串中的"起点"位置开始，连续取"长度"个字符，如果"长度"省略，则返回自"起点"开始到结束的所有字符。

（6）字符串大小写转换函数（strcass　字符串[方式]）：函数根据"方式"的值把字符

串进行大小写转换，并返回结果。如果指定了"方式"的值并且非空，则把字符串全部转换成小写字母，否则转换成大写字母。

（7）读取函数（read 字符串）：函数返回字符串的第一个表或原子，如果字符串中包含由空格、换行符、制表符和括号等分隔符分开的多个词，则返回第一个；如果字符串为空，则返回 Nil。

6．转换函数 这类函数主要实现数据的相互转换、单位制转换和坐标系转换，共 9 个。

（1）实型变整型函数（fix number）：函数将 number 取整，舍去小数部分，返回整型数。

（2）整型变实型函数（float number）：函数返回 number 的实型数值。

（3）整型变字符串函数（itoa int）：函数将整型数转换成字符串返回。

（4）字符串变整型数函数（atoi str）：函数将字符串转换成整型数并返回。

（5）字符串变实型数函数（atof str）：函数将字符串转换成实型数并返回。

（6）实型数变字符串函数（rtos number [模式[精度]]）：函数把实型数 number 转换成字符串返回。

（7）角度单位制转换函数（angtos ang [格式[精度]]）：函数将用弧度表示的角度值按指定的格式转换成度。

（8）坐标系转换函数（trans 点 原坐标系 新坐标系）：函数将一点坐标从一种坐标系统转换成另一种坐标系统中的坐标值。

（9）单位制转换函数（cvunit 数值 旧单位 新单位）：函数将一个值或点从一种测量单位转换成另一种测量单位，单位名称可以是"acad.unt"文件中给出的任何格式。

另外在 AutoLISP 中还有很多实用函数、实体操作函数和其他操作函数等，在此不再详细介绍。

9.2.5 AutoLISP 语言应用示例

由于 AutoLISP 是解释程序，用户所建立的 AutoLISP 应用程序是文本文件，这种文件所包含的信息和图形编辑状态下交互输入的信息完全相同，其扩展名为"lsp"。用户首先编辑 LISP 程序，然后装入，最后运行。

在此以绘制具有一定图案的矩形地板（图 9-9）为例。

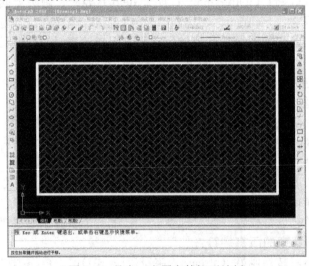

图 9-9 具有一定图案的矩形地板

```
(defun C：DBPM(/ os cc max1 b1 pt1 w h pt2 pt3 pt4)        ; 定义函数名称和局部变量
  (setvar "cmdecho" 0)      ; 把系统反馈、提示信息功能关掉
  CMDECHO 系统变量；控制系统的反馈信息，若值为 0，不反馈；
                                          若值为 1，反馈
  (setq os (getvar "OSMODE")           ; 保存系统变量 OSMODE 的值
  (setq cc (getvar "CECOLOR"))         ; 保存系统变量 CECOLOR 的值
  (setvar   "OSMODE" 0)                ; 设定变量 OSMODE 的值为 0
  (setq pt1 (getpoint   "\n 选择地板的定位点："))   ; 输入地板的定位点坐标
  (setq w (getpoint   "\n 选择地板的长度"))   ; 输入地板的长度和宽度
  (setq h (getpoint   "\n 选择地板的宽度"))
  (setq pt2 (polar pt1 0 w)            ; 构造地板矩形的其他三个角点
      pt3 (polar pt2 (/pi 2) h) pt4 (polar pt3 pi w))
  (command   "color" 7)                ; 设定绘图前景色为白色
  (if (> (max w h) 1000) (setq b1 0.5 xk 8)   ; 构建动态的图案填充比例
      (setq b1 0.1 xk 2))              ; 和轮廓线
  (command   "pline" pt1 "w" xk xk pt2 pt3 pt4 "c"))   ; 用宽度为 10 的多义线绘制
  (command   "color" 2)                ; 地外轮廓线
  (command   "hatch"   "AR-HBONE" b1 0 "L" "")   ; 填充地板图案
  (command   "zoom"   "E")             ; 全屏显示图案
  (setvar   "osmode" os   "CECOLOR" cc)   ; 恢复捕捉方式、前景颜色的原值
)
```

9.3 AutoCAD 与其他图形软件的联合应用

1．AutoCAD 与 3DS 的联合应用　AutoCAD 精确强大的绘图和建模功能，加上 3DS MAX 无与伦比的特效处理及动画制作功能，既克服了 AutoCAD 的动画及材质方面的不足，又弥补了 3DS MAX 建模的烦琐与不精确。在这两种软件之间存在有一条数据互换的通道，用户完全可以综合两者的优点来构建模型。

AutoCAD 与 3DS MAX 都支持多种图形文件格式，它们两者之间进行数据转换时常使用 3 种文件格式，分别是：dwg 格式、dxf 格式和 dos 格式。

使用 3DS MAX 创建的模型也可以转换为 dwg 格式的文件，在 AutoCAD 中打开进行进一步的细化处理。具体操作方法是使用"文件"下拉菜单中的"输出"命令，将 3DS MAX 模型直接保存为 dwg 格式的图形。

2．AutoCAD 与 Photoshop 的联合应用　在 AutoCAD 中绘制的图形，除了可以用 3DS MAX 处理外，还可以使用 Photoshop 进行更加细腻的光影和色彩等的处理。方法如下：

（1）使用输出命令。选择"文件"中的"输出"，打开"输出数据"对话框，将"文件类型"设置为"Bitmap（*.bmp）"选项，再确定一个合适的路径和文件名，即可将当前 CAD 图形文件输出为位图文件。

（2）使用"打印到文件"输出位图文件。虽然 AutoCAD 可以输出 bmp 格式图片，但 Photoshop 不能输出 AutoCAD 格式的图片，不过在 AutoCAD 中可以通过光栅图像参照命令插入 bmp、jpg、gif 等格式的图形文件。方法是选择"插入"中的"光栅图像参照"，打开"选择图像文件"对话框，然后选择所需的图像文件。

上 机 练 习

 练 习 使用 AutoCAD 2008 设计中心的查找功能，查找计算机中的图形文件 "House Designer.dwg"。

分析：要使用设计查询图形文件，可在"设计中心"对话框中单击"搜索"按钮，利用打开的"搜索"对话框进行操作。

（1）单击"标准"工具栏中的"设计中心"按钮，打开 AutoCAD 2008"设计中心"对话框。

（2）在工具栏中单击"搜索"按钮，打开"搜索"对话框。

（3）在"搜索"下拉列表中选择"图形"选项，在"于"下拉列表中选择需要搜索的范围，如"我的电脑"。

（4）在"图形"选项卡的"搜索文字"文本框中输入需要查找的图形文件"House Designer.dwg"，再在"位于字段"下拉列表中选择"文件名"选项。

（5）单击"立即搜索"按钮，系统开始搜索并在下方窗格中显示搜索结果。

第10章 图形的输出

 学习要点 ••►

- ✈ 创建布局与视口
- ✈ 设置打印参数
- ✈ 打印输出 AutoCAD 图形

••

10.1 工作空间与布局

10.1.1 模型空间

模型空间是完成绘图和设计工作的工作空间，是用户所画的图形（建立二维或者三维模型）所处的环境。使用在模型空间中建立的模型可以完成二维或三维物体的造型，并且可以根据需求用多个二维或三维视图来表示物体，同时配有必要的尺寸标注和注释等来完成所需要的全部绘图工作。

一般来说用户在模型空间按实际尺寸 1:1 进行绘图。模型空间的坐标系图标为 L 形，模型空间如图 10-1 所示。

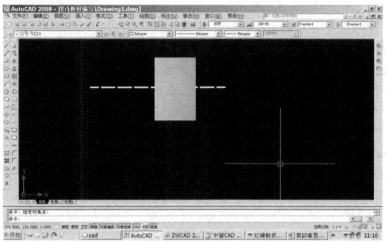

图 10-1　模型空间

模型空间的图形能转化到图纸空间，但图纸空间绘制的图形不能转化到模型空间。

启动 AutoCAD 后，默认状态处于模型空间，在绘图窗口下面的"模型"选项卡处于激活状态，而图纸空间是关闭的。

"模型"选项卡可以用来在模型空间中建立和编辑图形，该选项卡不能被删除和重命名；"布局"选项卡是用来编辑打印图形的图纸，可以进行删除和重命名操作。

10.1.2　图纸空间和布局

图纸空间是一种工具，用于在图形输出之前设置模型空间在图纸的布局，确定模型视图在图纸上出现的位置。图纸空间里，用户无需再对任何图形进行修改、编辑，所要考虑的是图形在整张图纸中如何布置。图纸空间的图纸就是图形布局，每个布局代表一张单独的打印输出图纸，即工程设计中的一张图纸。图纸空间可以定义图纸的大小、生成图框和标题栏。利用布局可以在图纸空间方便快捷地创建多个视口来显示不同视图，而且每个视图都可以有不同的显示缩放比例，或冻结指定图层。模型空间的三维对象在图纸空间中是用二维平面上的投影表示的，它是一个二维环境。图纸空间的坐标系图标为三角形，图纸空间如图 10-2 所示。

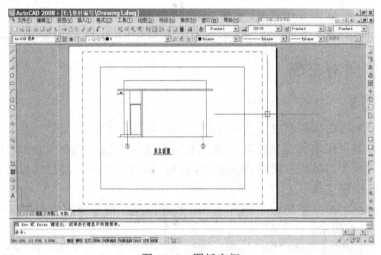

图 10-2　图纸空间

1．创建布局的执行方式

（1）下拉菜单："插入"→"布局"→"新建布局/来自样板的布局/创建布局向导"。

（2）命令行：LAYOUT↙。

（3）快捷菜单：在"布局"选项卡上单击鼠标右键，在弹出的快捷菜单中选择"新建布局"。

2．编辑布局

（1）执行方式

1）快捷菜单：在"布局"选项卡上单击鼠标右键，在弹出的快捷菜单中选择"删除/重命名/移动或复制"。

2）命令行：LAYOUT↙。

（2）操作过程

任务 10-1　创建"布局 3"，然后将其重命名为"新布局"。

右键单击"布局 1"，弹出快捷菜单，选择"新建布局"，即可生成"布局 3"。

土木工程 CAD

单击"布局3"，进入"布局3"窗口。

> **命令：LAYOUT✓**
>
> **输入布局选项[复制(C)/删除(D)/新建(N)/样板(T)/重命名(R)/另存为(SA)/设置(S)/?]<设置>：R✓**
>
> **输入要重命名的布局<布局3>：✓**
>
> **输入新布局名：新布局✓**
>
> **布局"布局3"已重命名为"新布局"。**

（3）LAYOUT 命令各选项含义

● 复制（C）：将选取的布局复制。新的"布局"选项卡插入到选取的复制的"布局"选项卡之前。

● 删除（D）：删除布局。所有的"布局"选项卡都可被删除，但"模型"选项卡不能删除。

● 新建（N）：创建新的"布局"选项卡。一个图形文件可以创建最多 255 个布局。

在一个图形文件中，每个布局的名称都必须是唯一的。布局名最多可以包含 255 个字符，不区分大小写。"布局"选项卡上只显示最前面的 31 个字符。若前面的布局都是按编号来命名的，例如"LAYOUT1""LAYOUT2"，创建的新布局默认名称为"LAYOUT3"。

● 样板（T）：以模板中的样板文件为基础创建新的布局。

● 重命名（R）：为布局重新命名。

● 设置（S）：指定选择的布局为当前布局。

● 另存为（SA）：将指定的布局另存为图形样板（DWT）文件。

其中，任何未参照的符号表和块定义信息将不被保存。用户可用该样板在图形中创建新的布局，而不必删除不必要的信息。

● ？：列表。在命令行和文本窗口以列表形式将当前的所有布局都列出来。

3．视口

视口是 AutoCAD 界面上用于显示图形的一个区域，可以在图纸空间（"布局"选项卡）和模型空间（"模型"选项卡）设置或创建多个不同的布局视口。一般视口往往是单一或等大的阵列视口。用户可以通过它操作或显示模型空间图形。每一个区域都可以用来查看图形的不同部分，每个视口都可以单独进行平移和缩放。在命令执行期间，可以通过在某个视口的任意位置单击以切换视口。如果在某个视口中对图层中的内容进行操作，例如冻结图层，则在所有视口中冻结此图层。

布局可以根据需要建立多个视口，视口之间可以相互重叠或分离，可以对视口进行移动、调整大小、删除等操作，因此布局中的视口称作浮动视口。在一个布局中视口可以是均等的矩形，平铺在图纸上，也可以根据需要有特定的形状，如图 10-3 所示。

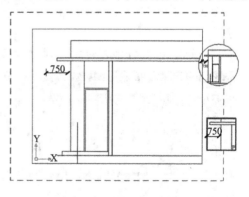

图 10-3　视口的形状

视口的创建方式：

（1）下拉菜单："视图"→"视口"。

（2）命令行：VPORTS✓。

10.2 图形的打印设置

10.2.1 打印样式与打印设备

1. **打印样式** 打印样式是具体的打印效果的控制，而打印样式表是打印样式的集合。打印样式表有两种类型：颜色相关打印样式表和命名打印样式表。使用颜色相关打印样式打印时，是通过对象的颜色来控制绘图仪的笔号、笔宽及线型的。颜色相关打印样式表文件的扩展名为"ctb"。命名打印样式表直接指定给图层和单个对象打印样式，扩展名为"stb"。

（1）创建打印样式表

1）执行方式

① 下拉菜单1："文件"→"打印样式管理器"→"添加打印样式表向导"。

② 下拉菜单2："工具"→"向导"→"添加打印样式表"。

③ 命令行：STYLESMANAGER✓。

2）操作步骤

任务 10-2 创建一个名称为"建筑立面图"的颜色相关打印样式表。

单击"工具"下拉菜单→"向导"→"添加打印样式表向导"，弹出"添加打印样式表"对话框，如图10-4所示。

单击"下一步"，弹出如图10-5所示对话框。

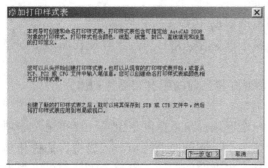

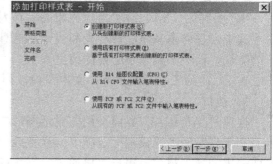

图10-4 "添加打印样式表"对话框　　　　图10-5 创建新打印样式表

单击"下一步"，弹出如图10-6所示的对话框，单击需要选择的打印样式表，再单击"下一步"。

弹出如图10-7所示的对话框，为新添加的打印表输入名称：建筑立面图，单击"下一步"。

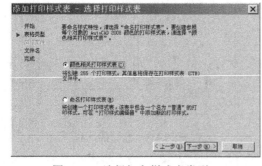

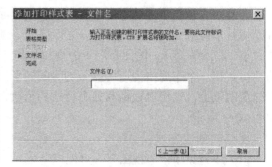

图10-6 选择打印样式表类型　　　　图10-7 输入新打印样式表的文件名

弹出如图 10-8 所示对话框，在单击"完成"按钮前，应单击"打印样式表编辑器"按钮，对打印样式表进行编辑，编辑完成后再单击"完成"按钮，完成打印样式表的设置。

（2）颜色相关打印样式表的编辑。单击"打印样式表编辑器"按钮，进入"打印样式表编辑器"对话框，如图 10-9 所示。

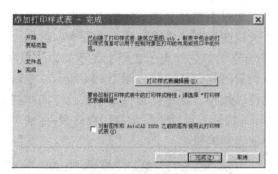

图 10-8　"添加打印样式表-完成"对话框

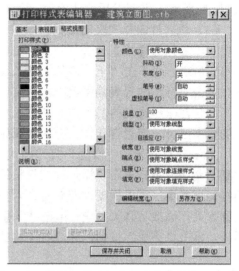

图 10-9　颜色相关"打印样式表编辑器"对话框

标题栏为所编辑的打印样式表的名称。编辑选项卡有 3 个：基本、表视图和格式视图。

①"基本"选项卡：是所编辑的打印样式表的一些基本信息，包括名称、保存路径、版本信息、线型比例因子等内容，如图 10-10 所示。

②"表视图"和"格式视图"选项卡：可以对打印样式进行编辑，二者的编辑项目和内容完全一样，仅仅显示方式不同，如图 10-11 和图 10-9 所示。

图 10-10　"基本"选项卡

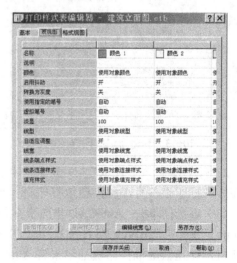

图 10-11　"表视图"选项卡

"格式视图"选项卡中，"打印样式"列表中的颜色，指 AutoCAD 文件中的线条颜色；

"特性"选项组指打印出来后的图形特性。若 AutoCAD
自带的线宽中没有合适的类型，可以单击"编辑线宽"按
钮弹出"编辑线宽"对话框，如图 10-12 所示，对现有的
线宽进行编辑。选中需要编辑的线宽值，单击"编辑线宽"
按钮，或者双击需要编辑的线宽值，输入新值并回车即可。

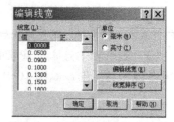

图 10-12 "编辑线宽"对话框

（3）命名打印样式表的编辑：编辑命名打印样式表，
需要在添加打印样式表时选择"命名打印样式表"，如图
10-13 所示。再单击"下一步"，输入文件名称，单击"下一步"，进入到"完成"对话
框。单击"打印样式表编辑器"，对打印样式表进行编辑。

命名打印样式表的基本内容和颜色相关打印样式表相同，"基本"选项卡中为打印样
式的基本信息，而对打印样式表的编辑则在"表视图"或"格式视图"选项卡中进行。

AutoCAD 自带的"普通"打印样式，打印出来的效果和电子文档中显示的完全相同，
并且不允许编辑。单击"添加样式"按钮，添加新的打印样式，如图 10-14 所示。在新建
的打印样式中，可以根据需要对打印对象的颜色、线型、线宽、虚拟笔号以及打印样式的
名称等进行修改。修改完毕，单击"保存并关闭"按钮，返回"添加打印样式表-完成"对
话框，单击"完成"按钮，完成打印样式表的创建和编辑。

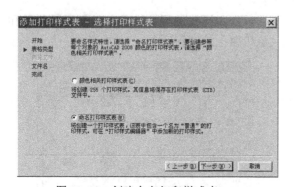

图 10-13 创建命名打印样式表

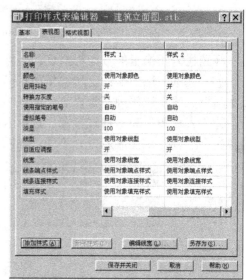

图 10-14 命名"打印样式表编辑器"对话框

2. 打印设备 在 AutoCAD 进行打印之前，首先要完成打印设备的配置。AutoCAD 允
许使用的打印设备有 3 种：虚拟打印机、绘图仪和打印机。

（1）虚拟打印机：AutoCAD 里面带有 DWF6 ePlot.pc3、DWG To PDF.pc3、PublishToWeb
JPG.pc3、PublishToWeb PNG.pc3、doPDF v7、Microsoft XPS Document Writer 等几款虚拟
打印机，这几款虚拟打印机都用来将 AutoCAD 文件虚拟打印成其他格式的文件。

其中 DWF6 ePlot.pc3 用来将 AutoCAD 文件打印成 DWF 文件格式；DWG To PDF.pc3
和 doPDF v7 用来将 AutoCAD 文件打印成 PDF 文件格式。

PublishToWeb JPG.pc3 用来将 AutoCAD 文件打印成 JPG 图片格式，PublishToWeb

PNG.pc3 用来将 AutoCAD 文件打印成 PNG 图片格式。

Microsoft XPS Document Writer 用来将 AutoCAD 文件打印成 XPS 图片格式。

（2）绘图仪和打印机配置：此项工作可以使用系统自带的添加打印机向导来完成，步骤如下：

单击"工具"下拉菜单→"向导"→"添加绘图仪"，弹出如图 10-15 所示对话框，

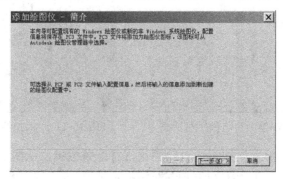

图 10-15 "添加绘图仪-简介"对话框

单击"下一步"，弹出如图 10-16 所示对话框。选择"我的电脑"，若配置打印机就选择"系统打印机"。单击"下一步"，选择绘图仪型号，如图 10-17 所示。

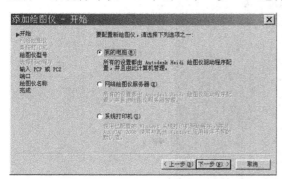

图 10-16 "添加绘图仪-开始"对话框

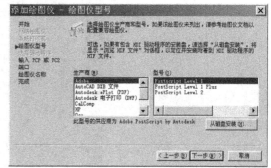

图 10-17 "添加绘图仪-绘图仪型号"对话框

单击"下一步"，弹出如图 10-18 所示的对话框。

单击"下一步"，对绘图仪的端口进行设置，指定通过端口打印、打印到文件或使用后台打印，可以更改配置的打印机与用户计算机或网络系统之间的通信设置，如图 10-19 所示。

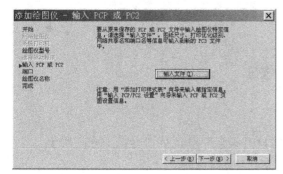

图 10-18 "添加绘图仪-输入 PCP 或 PC2"对话框

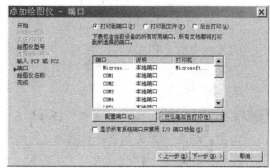

图 10-19 "添加绘图仪-端口"对话框

单击"下一步"，设置绘图仪名称，如图 10-20 所示。

单击"下一步"，进入"添加绘图仪-完成"对话框，如图 10-21 所示。

 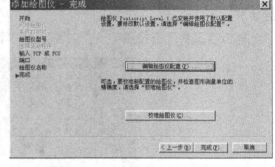

图 10-20 "添加绘图仪-绘图仪名称"对话框　　　图 10-21 "添加绘图仪-完成"对话框

单击"编辑绘图仪配置"按钮，对绘图仪进行配置编辑，如图 10-22 所示。然后单击"确定"按钮，返回"添加绘图仪-完成"对话框，单击"完成"按钮，结束绘图仪的配置。

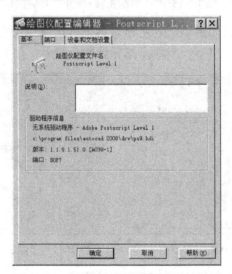

图 10-22 "绘图仪配置编辑器"对话框

10.2.2　打印参数的设置

1. 执行方式

（1）下拉菜单："文件"→"打印"。

（2）命令行：PLOT↙。

（3）工具栏：单击"标准"工具栏中的 按钮。

2. 操作过程

 任务 10-3　设置"建筑立面图"的打印参数。

单击"标准"工具栏上的 按钮，打开"打印-模型"对话框，如图 10-23 所示。

打印机/绘图仪：单击"名称"下拉列表，选择打印机或绘图仪。

图纸尺寸：单击下拉列表的下拉箭头，选择纸张大小。

打印区域：单击"窗口"按钮，返回绘图窗口选择立面图。

打印偏移：勾选"居中打印"复选框。

打印比例：单击"比例"下拉列表的箭头，从 AutoCAD 自带的打印比例中选择"1:100"。

打印样式表：单击下拉箭头，选择"建筑立面图.ctb"。

图形方向：勾选"纵向"单选框。

单击"预览"按钮，观察打印效果，符合要求则单击"确定"按钮输出图形，需要修改则单击"取消打印"按钮，或者在绘图窗口上单击右键在弹出的快捷菜单中选择"退出"返回"打印-模型"对话框进行修改。

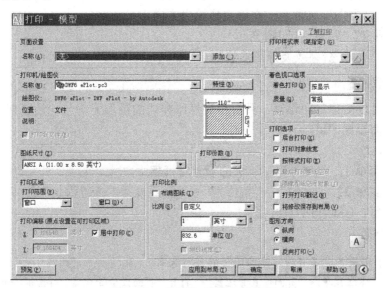

图 10-23 "打印-模型"对话框

3．"打印-模型"对话框各主要选项的含义

（1）"页面设置"选项组：预先设置好的打印参数。

（2）"打印机/绘图仪"选项组：单击"名称"下拉列表，选择打印机或绘图仪。

● "特性"按钮：设置打印机或绘图仪的打印特性。

● "打印到文件"复选框：勾选此复选框，将 CAD 图形打印到文件。

（3）"图纸尺寸"选项组：单击下拉列表的下拉箭头，选择纸张大小。

（4）"打印份数"选项组：控制打印数量。

（5）"打印区域"选项组：指定打印区域的选择方式，有窗口、范围、图形界限、显示 4 种方式。

● 窗口：打印选择窗口内的图形。单击右面的"窗口"按钮，回到绘图窗口上选择需要打印的图形。

● 范围：文件中包含所有图形的区域，即该文件中所有的图形都在打印范围内。

● 显示：打印时显示器显示的部分。

● 图形界限：打印图形界限范围内所有的图形。AutoCAD 默认是（0，0）到（297，210），图形不在此区域内，就不能打印。

（6）"打印偏移"选项组：指定打印原点的位置，可通过输入 X、Y 坐标来确定，也可以勾选"居中打印"复选框，使打印图形位于图纸的中间。

（7）"打印比例"选项组：单击"比例"下拉列表的箭头，从 AutoCAD 自带的打印比例中选择；也可以手动输入比例：1 英寸/毫米=？个图形单位。勾选"布满图纸"复选框，打印出来的图形就不受打印比例的限制，最大限度地布满图纸。

（8）"打印样式表"选项组：单击下拉箭头，选择需要的打印样式。若所选的打印样式的参数设置不符合要求，可以单击右面的编辑按钮 ，对打印样式进行编辑。

（9）"着色视口选项"选项组：控制打印模式和打印质量。

（10）"打印选项"选项组：控制有关打印属性。

（11）"图形方向"选项组：布置图形输出方向。

（12）"预览"按钮：打印预览。

（13） ⊘、⊘：折叠或展开更多选项。

10.2.3　页面设置

页面设置可以简化打印设置，具有相同打印样式的图形无需一一设置打印参数，只需调用相应的页面设置即可。

1．执行方式

（1）下拉菜单1："文件"→"页面设置管理器"。

（2）下拉菜单2："文件"→"打印"→"页面设置"→"添加"。

（3）命令行：PAGESETUP✓。

2．操作步骤

任务 10-4　新建一个名称为"立面图"的页面设置。

单击"文件"下拉菜单→"页面设置管理器"，打开"页面设置管理器"对话框，如图 10-24 所示。

单击"新建"按钮，进入"新建页面设置"对话框，如图 10-25 所示。

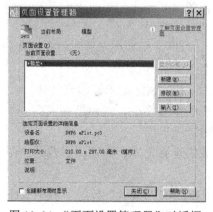

图 10-24　"页面设置管理器"对话框　　图 10-25　"新建页面设置"对话框

在"新页面设置名"文本框中输入"立面图"，在"基础样式"列表中选择新建页面设置的基础样式。

单击"确定"按钮，进入"立面图"的页面设置对话框，如图 10-26 所示。

该对话框中参数的设置同打印参数的设置一节完全相同，这里不再赘述。

设置完成后，单击"确定"按钮，返回"页面设置管理器"对话框。如图 10-27 所示。

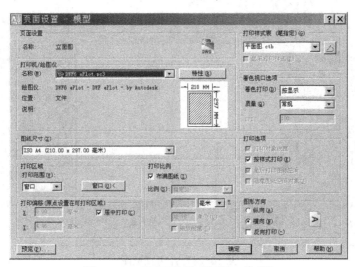

图 10-26 "页面设置-模型"对话框

图 10-27 "页面设置管理器"对话框

- "置为当前"按钮：将选中的页面设置作为当前应用的页面设置。
- "修改"按钮：对选中的页面设置进行修改。
- "输入"按钮：从已经存档的 dwg 文件中选择页面设置。

10.2.4 打印预览和打印

1. **打印预览** 打印参数设置完成后，单击"预览"按钮，进入打印预览界面。在这里可以预览输出结果，以检查设置是否正确，并可以对预览图形进行缩放、平移、打印等操作，如图 10-28 所示。

2. **打印** AutoCAD 图形的打印输出有两种方式：打印到文件和打印到图纸上。

在打印参数设置的对话框中，选择相应的打印机类型，即可将图形打印成相应类型的文件。AutoCAD 可以打印输出的文件类型有：dwf、pdf、jpg、png 等类型。

如果是打印到图纸上，在打印参数设置好后，直接单击"确定"按钮即可。

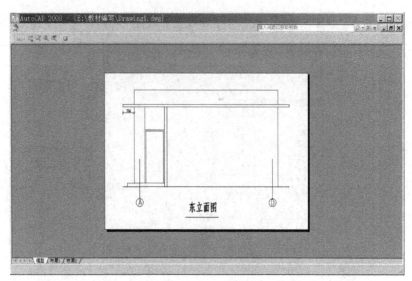

图 10-28 打印预览图

上 机 练 习

 打印 CAD 图形

练习内容：将绘制的附录 A 某砖混结构建筑施工图中的平面图、立面图、剖面图打印输出。

提示：图纸空间和模型空间都可以完成打印出图。进行打印参数设置，并打印输出为
"*.pdf"文件类型。

附 录

附录 A 某砖混结构住宅楼建筑施工图

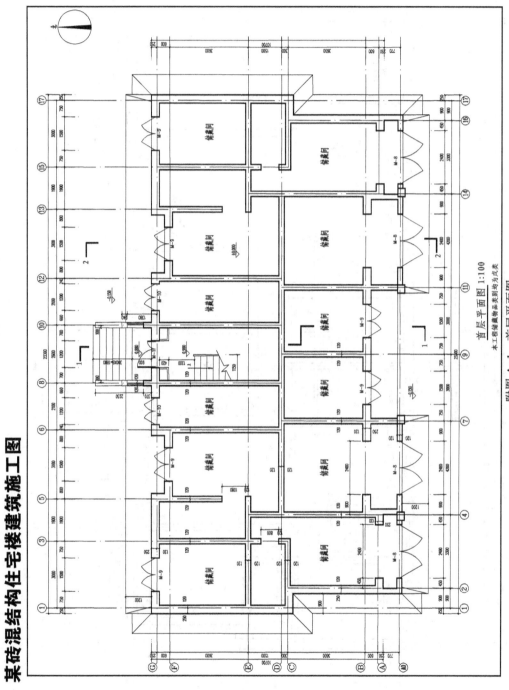

首层平面图 1:100

本工程储藏品表剖均为戊表

附图 A-1 首层平面图

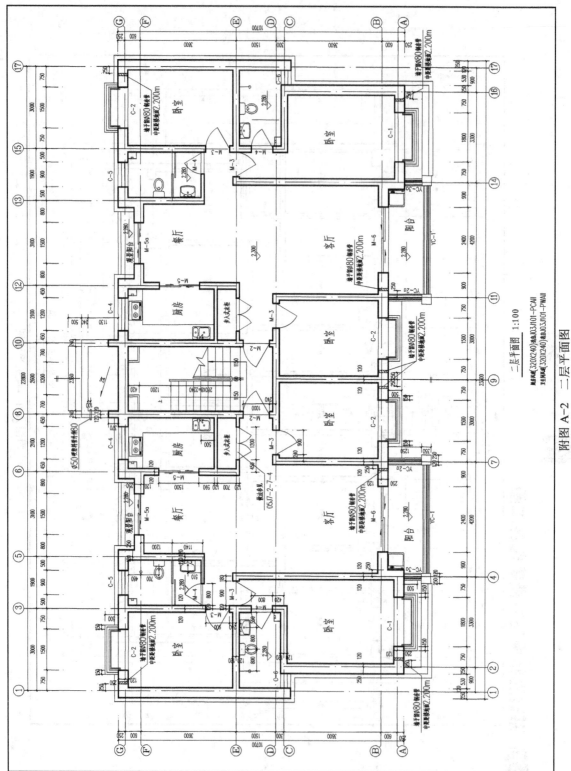

二层平面图 1:100

地梁圈(320X240)配见03J101-PCAII
主体剪力墙(320X240)配见03J101-PWAII

附图 A-2 二层平面图

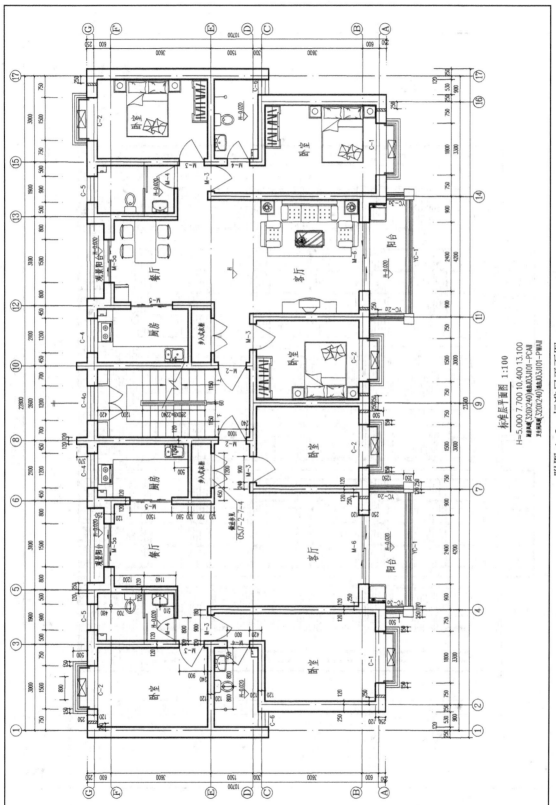

标准层平面图 1:100

H=5.000 7.700 10.400 13.100
墙身用砖320X240实心05J101-PCA用
卫生间用砖320X240实心05J101-PWA用

附图 A-3 标准层平面图

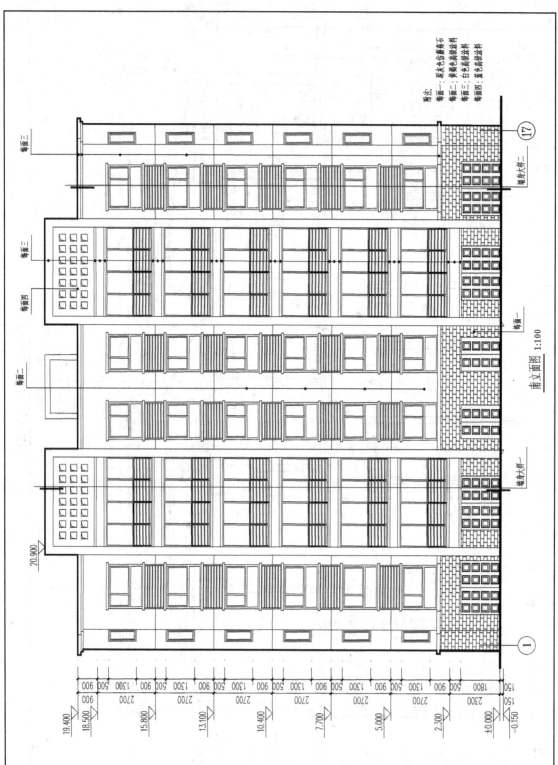

南立面图 1:100

附图 A-4　南立面图

附注：
幕墙一：采米色岩清砂石
幕面二：黄褐色陶瓷涂料
幕面三：白色陶瓷涂料
幕面四：蓝色陶瓷涂料

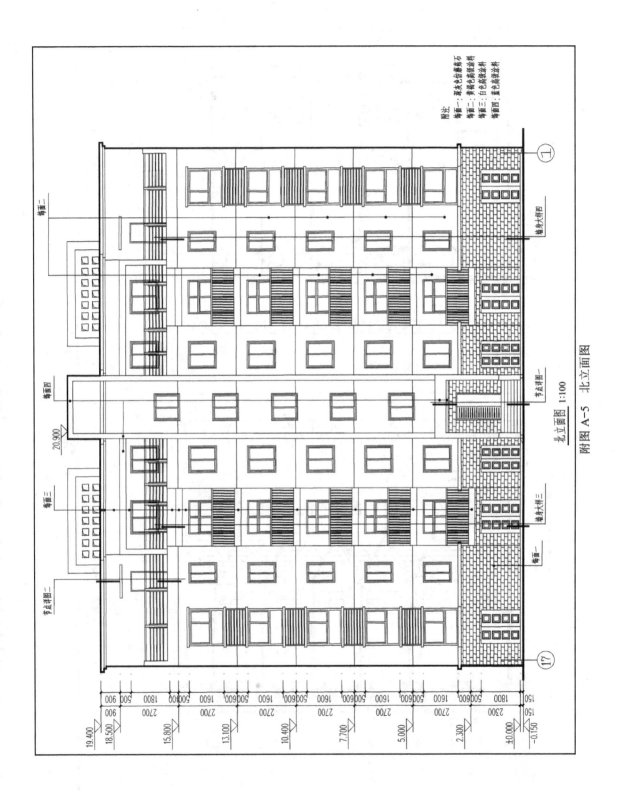

北立面图 1:100

附图 A-5 北立面图

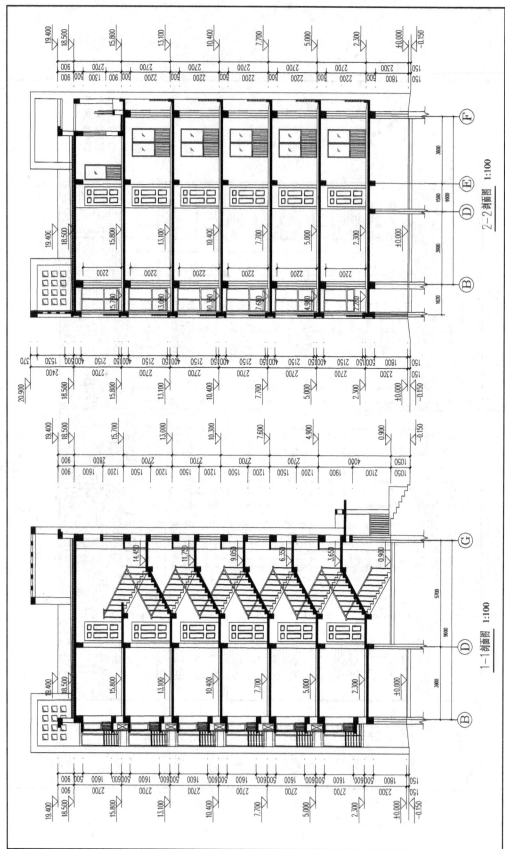

附图 A-6 1-1、2-2 剖面图

2-2 剖面图 1:100

1-1 剖面图 1:100

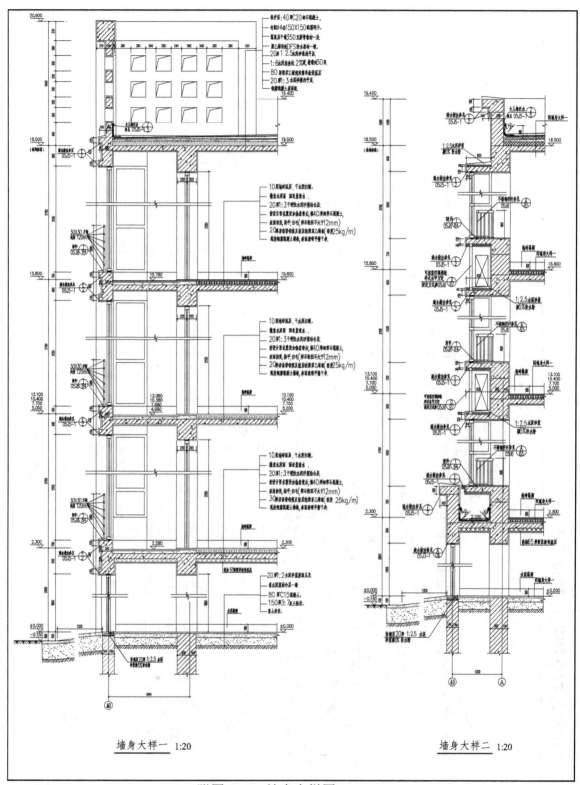

墙身大样一 1:20   墙身大样二 1:20

附图 A-7　墙身大样图

某砖混结构住宅楼结构施工图

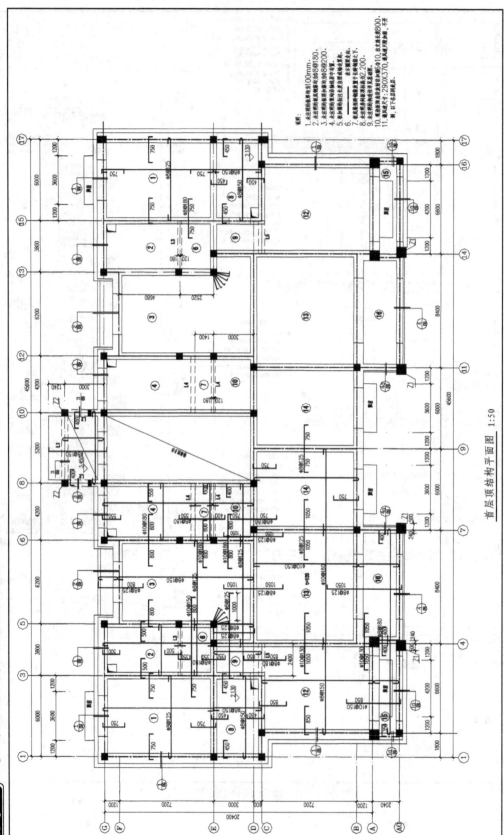

首层顶结构平面图 1:50

附图 B-1　首层顶结构平面图

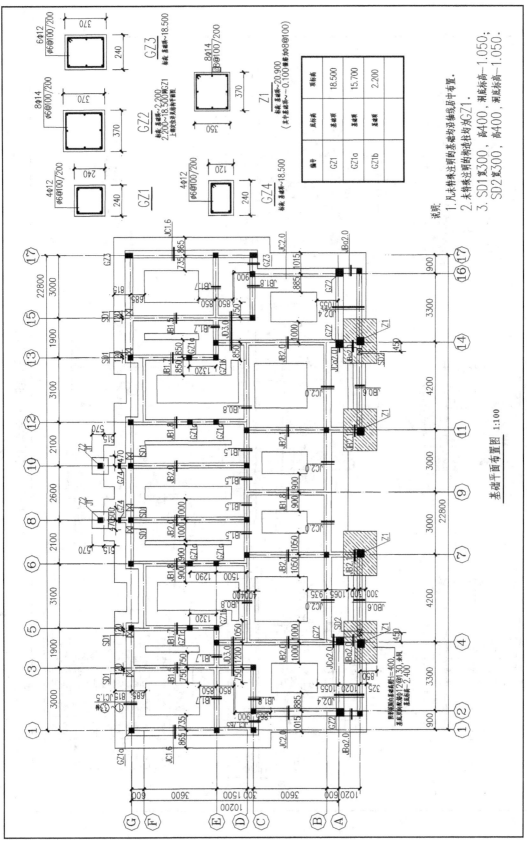

基础平面布置图 1:100

附图 B-2 基础平面布置图

编号	标高	底标高	顶标高
GZ1	基础顶	基顶	18.500
GZ1a	基础顶	主顶	15.700
GZ1b	基础顶	基顶	2.200

说明:
1. 凡未特殊注明的基础均沿轴线居中布置。
2. 未特殊注明的构造柱均为GZ1。
3. SD1见300, 高400, 滉底标高-1.050;
   SD2见300, 高400, 滉底标高-1.050.

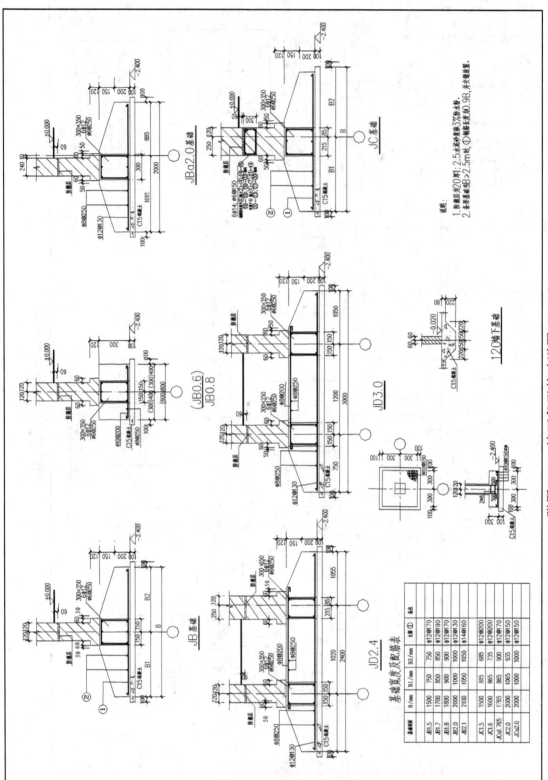

基础宽度及配筋简表

基础编号	B/mm	B1/mm	B2/mm	插筋①	插筋②
JB1.5	1500	750	750	Φ12@170	Φ12@170
JB1.7	1700	850	850	Φ12@90	Φ12@90
JB1.8	1800	900	900	Φ12@70	Φ12@70
JB2.0	2000	1000	1000	Φ12@130	Φ12@130
JB2.1	2100	1050	1050	Φ14@60	Φ14@60
JC1.5	1500	815	685	Φ12@200	Φ12@200
JC1.6	1600	865	735	Φ12@200	Φ12@200
JCα1.765	1765	865	900	Φ12@170	Φ12@170
JC2.0	2000	1065	935	Φ12@150	Φ12@150
JCα2.0	2000	1000	1000	Φ12@150	Φ12@150

说明：
1. 防潮层为20厚：2.5水泥砂浆掺3%防水粉。
2. 本基础砌B≥2.5m时，①轴距离为0.9B，并末铺设置。

附图 B-3　墙下条形基础详图（1:30）

某框架结构办公楼建筑施工图

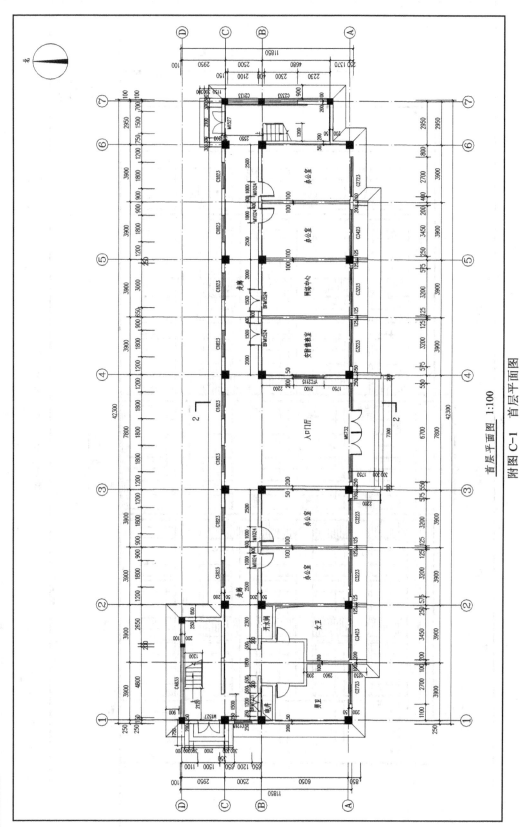

首层平面图 1:100

附图 C-1　首层平面图

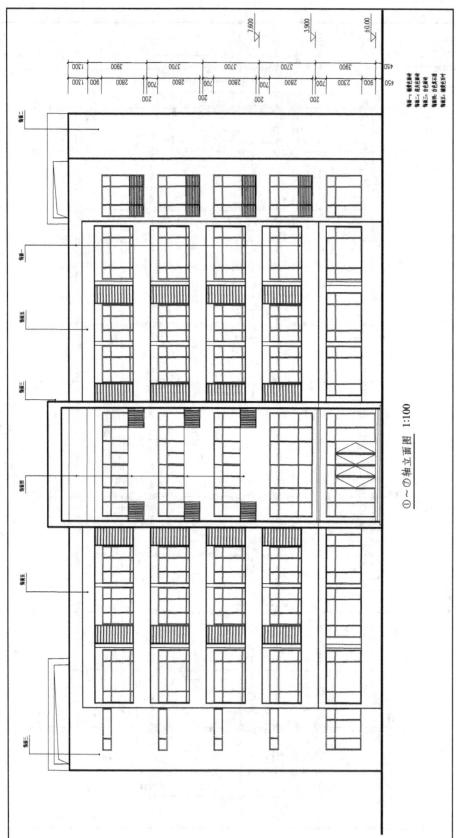

①~⑦轴立面图 1:100

附图 C-2 ①~⑦轴立面图

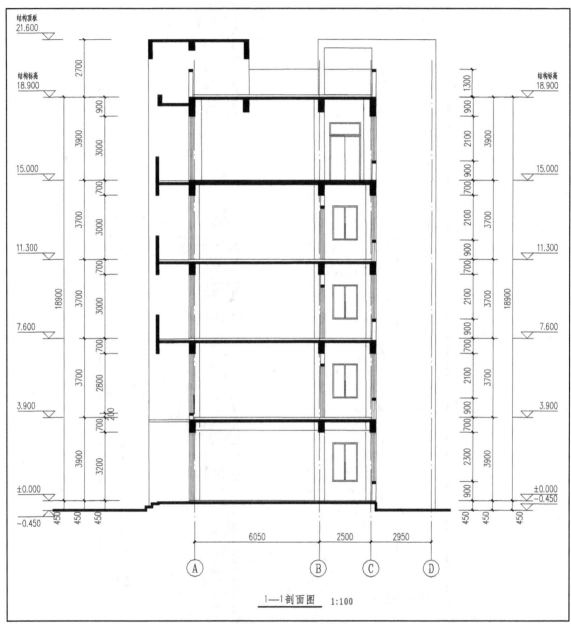

1—1剖面图 1:100

附图 C-3 1-1 剖面图

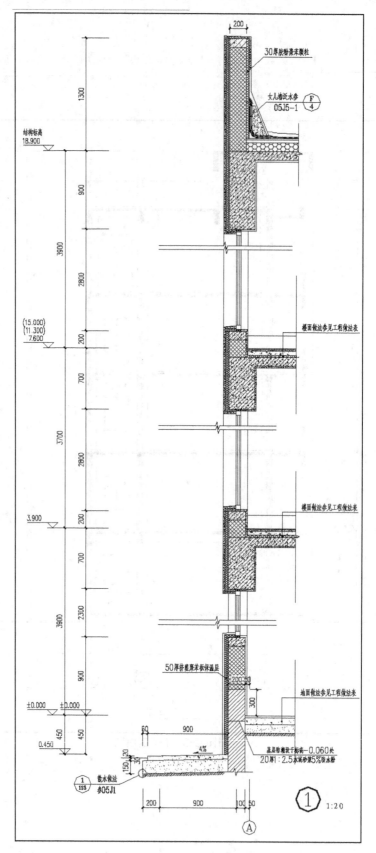

附图 C-4 墙身详图

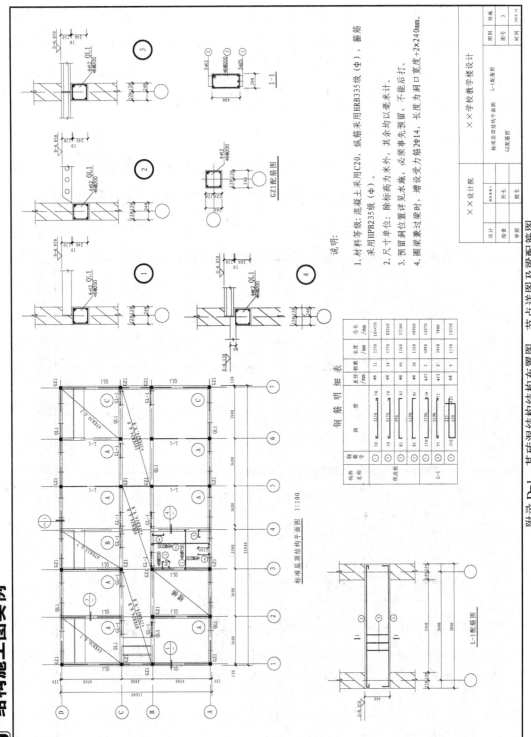

附录 D-1 某砖混结构结构布置图、节点详图及梁配筋图

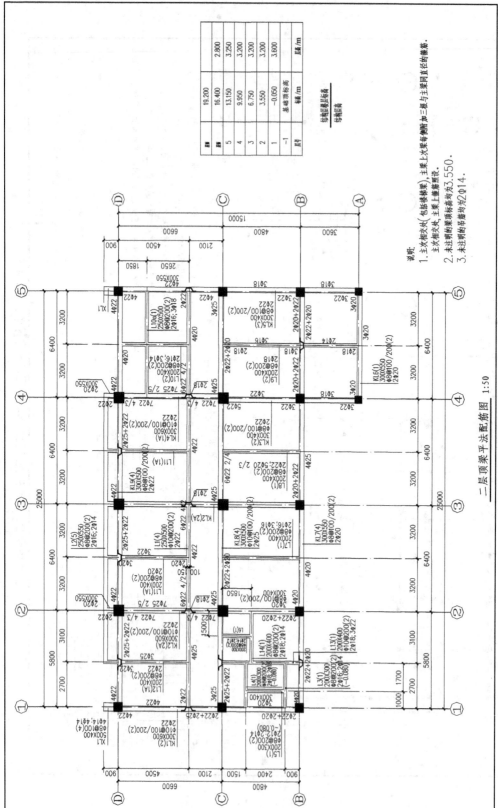

二层顶梁平法配筋图 1:50

附图 D-2 某框架结构平法梁平法配筋图

说明：
1. 主次相交处（包括梁梁），主梁上次梁每侧附加三根与梁同直径的箍筋。主次相交处，主梁上增设。
2. 未注明的梁顶面标高均为3.550。
3. 未注明的柱箍筋均为2Ф14。

层号	结构层楼面标高	层高 /m
屋面	19.200	2.800
5	16.400	3.250
4	13.150	3.200
3	9.950	3.200
2	6.750	3.200
1	3.550	3.600
-1	-0.050	
	基础顶标高	

结构层楼面标高
层高 /m

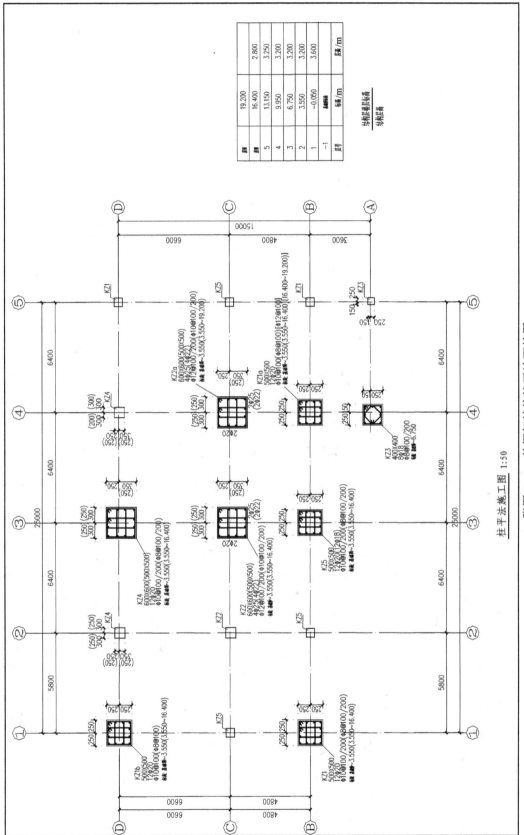

柱平法施工图 1:50

附图 D-3 某框架结构柱平法配筋图

层号	标高/m	层高/m
顶层	19.200	2.800
5	16.400	3.250
	13.150	3.200
4	9.950	3.200
3	6.750	3.200
2	3.550	3.200
1	-0.050	3.600
-1		
层号	结构层楼面标高	结构层高